高等职业教育种子系列教材
全国种子行业技术培训教材

种子加工技术

孙　鹏　宁明宇　主编

中国农业大学出版社
·北京·

内 容 简 介

本书主要内容包括绪论、种子的物理特性、种子预加工、种子干燥、种子清选、种子尺寸分级、种子包衣、种子定量包装、移动式种子清选机与联合加工机组、种子加工成套设备与种子加工厂设计。本书内容新颖，实用性强，注重理论与实践相结合，各章附有应用案例，书后配有实验实训内容。本书可作为高校本科和高等职业教育的种子专业、种子行业技术人员培训教材，也可以作为农业工程类专业教材。

图书在版编目(CIP)数据

种子加工技术/孙鹏，宁明宇主编.—北京：中国农业大学出版社，2016.5
ISBN 978-7-5655-1547-7

Ⅰ.①种…　Ⅱ.①孙…　②宁…　Ⅲ.①种子-加工-高等职业教育-教材　Ⅳ.①S339

中国版本图书馆 CIP 数据核字(2016)第 076861 号

书　　名	种子加工技术		
作　　者	孙　鹏　宁明宇　主编		
策划编辑	陈　阳	**责任编辑**	韩元凤
封面设计	郑　川	**责任校对**	王晓凤
出版发行	中国农业大学出版社		
社　　址	北京市海淀区圆明园西路 2 号	**邮政编码**	100193
电　　话	发行部 010-62818525,8625	**读者服务部**	010-62732336
	编辑部 010-62732617,2618	**出　版　部**	010-62733440
网　　址	http://www.cau.edu.cn/caup		
经　　销	新华书店	**E-mail**	cbsszs @ cau.edu.cn
印　　刷	涿州市星河印刷有限公司		
版　　次	2016 年 6 月第 1 版　2016 年 6 月第 1 次印刷		
规　　格	787×1 092　16 开本　12.25 印张　300 千字		
定　　价	30.00 元		

种子系列教材编委会

编 审 人 员

主　编　孙　鹏　　宁明宇

副主编　王丽娟　　许才花　　马继光　　张保友

编　者　（以姓氏笔画为序）

　　　　王丽娟　（黑龙江省农副产品加工机械化研究所）

　　　　王　媛　（无锡耐特机电一体化技术有限公司）

　　　　马继光　（全国农业技术推广服务中心）

　　　　宁明宇　（全国农业技术推广服务中心）

　　　　孙　鹏　（黑龙江省农副产品加工机械化研究所）

　　　　齐朝林　（石家庄绿炬种子机械厂）

　　　　许才花　（黑龙江省农副产品加工机械化研究所）

　　　　刘　睿　（黑龙江省农副产品加工机械化研究所）

　　　　刘永刚　（新疆农业职业技术学院）

　　　　张保友　（山东省种子管理站）

　　　　张佳丽　（黑龙江省农副产品加工机械化研究所）

　　　　张　凯　（南京凯铂睿机械公司）

　　　　佟　童　（黑龙江省农副产品加工机械化研究所）

　　　　陈玉麟　（南京天宇机械有限公司）

　　　　杨智勇　（安徽省种子管理站）

　　　　邹德爽　（黑龙江省农副产品加工机械化研究所）

　　　　岳高红　（温州科技职业学院）

　　　　於海明　（南京农业大学）

　　　　姜　岩　（黑龙江省农副产品加工机械化研究所）

　　　　胡志超　（农业部南京农机化研究所）

　　　　赵　宇　（黑龙江省农副产品加工机械化研究所）

　　　　贾生活　（酒泉奥凯种子机械股份有限公司）

　　　　郭恩华　（中国农业机械化科学研究院）

　　　　韩长生　（黑龙江省农副产品加工机械化研究所）

审　稿　宋文坚　（浙江大学）

　　　　赵　妍　（黑龙江省农副产品加工机械化研究所）

　　　　吴　伟　（浙江省种子管理站）

总　序

　　农业发展,种业为基。党中央、国务院历来高度重视种业工作。习近平总书记强调,要下决心把民族种业搞上去,从源头上保障国家粮食安全。李克强总理指出,良种是农业科技的重要载体,是带有根本性的生产要素。汪洋副总理要求,突出种业基础性、战略性核心产业地位,把我国种业做大做强。

　　当前我国农业资源约束趋紧,要确保"谷物基本自给、口粮绝对安全",对现代种业发展、加强种业科技创新、培育和推广高产优质品种提出了更高、更迫切的要求。与此同时,全球经济一体化进程不断加快,生物技术迅猛发展,农作物种业国际竞争日益激烈。要突破资源约束、把饭碗牢牢端在自己手中,做大做强民族种业、提升国际竞争力,必须加快我国现代种业科技创新步伐。

　　培养大批种子专业技术人才和提升现有种业人才的技术水平是加快我国现代种业科技创新步伐的关键之举。目前我国农作物种业人才培养主要有两个途径:一是通过高等院校开设相关专业培养;二是通过对种子企业科研、生产、检验、营销、管理等人员及种子管理机构的行政管理、技术人员进行定期培训。但由于我国高等农业职业教育办学起步较晚,尚没有种子专业成套的全国通用教材,而种子行业培训也缺乏成套的全国通用技术培训教材。为培养农作物种业优秀人才,加大种业人才继续教育和培训力度,落实《国务院关于加快推进现代农作物种业发展的意见》有关要求,全国农业技术推广服务中心与温州科技职业学院联合组织编写了这套全国高等职业教育种子专业和种子行业技术培训兼用的全国通用系列教材。

　　该系列教材由种子教学、科研、生产经营与管理经验丰富的专家教授共同编写。在编写过程中坚持五个相结合原则,即坚持种子专业基础理论、基本知识与种业生产实际应用相结合;坚持提高种业生产技术与操作技能相结合;坚持经典理论、传统技术与最新理论、现代生物技术在种业上的应用相结合;坚持专业核心课程精与专业基础课程宽相结合;坚持教材实用性与系统性相结合,力争做到教材理论与实践紧密结合,便于学生(员)更好地学习应用。

　　这套教材系统地介绍了现代种业基础理论与实用技术,包括种子学基础、作物遗传育种、种子生产技术、种子检验技术、种子加工技术、种子贮藏技术、种子行政管理与技术规范、种子经营管理和植物组织培养等九本教材。其中，种子行政管理与技术规范、种子生产技术、种子加工技术、种子贮藏技术、种子检验技术等五本教材兼作种子行业技术人员培训教材。希望本系列教材的出版发行能在促进我国高等职业教育种子专业学生培养和种子行业技术人员培训中发挥重要作用。

全国农业技术推广服务中心主任　陈生斗

2016 年 3 月

前　言

种子是有生命力的特殊商品,不同种类的种子形态特征、物理特性各不相同,在种子加工工作中对机械设备的性能与加工工艺要求也不尽相同。种子加工是提高种子质量的重要手段,是提高种子商品化、促进种子市场流通的基本技术措施,是种子产业发展的核心内容之一,是实现农业增产增收的重要途径,对我国农业的稳定发展和国家粮食安全都具有重要意义。

种子加工主要包括干燥、清选、分级、包衣和计量包装等技术环节。本教材力求系统全面地阐述种子加工技术的基本知识,涵盖了种子收获后到贮藏前的全部加工技术,重点介绍种子加工的基本原理与技术,特别是对于种子加工过程、工序、加工设备所应用的原理,以及使用操作和维护保养等方面的知识。针对培养高等技术应用型人才的目标,把培养技术应用能力的主旨贯彻始终,注重种子加工技术与具体种子作物相结合,力求科学性和实用性。本教材为高等职业院校种子专业学生和种子行业技术人员培训编写,同时适合于农业工程类专业使用,也为农业工程类相关专业及农业科研技术人员提供参考。

全书分九章以及实验实训环节,编写分工如下:绪论,宁明宇、张凯;第一章,陈玉麟、张佳丽;第二章,於海明、刘睿;第三章,孙鹏、姜岩、佟童;第四章,王丽娟、胡志超、邹德爽;第五章,贾生活、赵宇;第六章,郭恩华、韩长生;第七章,王媛、张保友;第八章,齐朝林、杨智勇;第九章,许才花、孙鹏、王丽娟;实验实训,岳高红、王丽娟。全书由孙鹏、马继光、宁明宇统稿。浙江大学宋文坚副教授、黑龙江省农副产品加工机械化研究所赵成圃研究员、浙江省种子管理站吴伟研究员本行业专家为本书提出许多宝贵意见,在此表示衷心感谢。

本书编写人员虽均具有多年种子加工机械科研、教学和产品开发实践经验,在编写过程中也付出了大量心血,但不当之处在所难免,衷心欢迎广大读者提出宝贵意见,以期再版时修订完善。

编　者

2016 年 1 月

目　录

绪 论

我国是农业生产大国和用种大国,农作物种子产业是国家战略性、基础性核心产业。种子加工是现代种子产业体系中的中心环节,是提高种子使用价值和商品价值的技术支撑,对国家种业安全、粮食安全和农业生产都起到至关重要的作用。

一、种子加工的概念

种子加工是指从田间收获后到播种前对种子采取的各种处理,主要包括初清、预加工、干燥、清选、分级、包衣、定量包装等一系列工序,以达到提高种子质量和商品特性,利于种子安全贮藏,促进田间成苗及提高产量的目的。

二、种子加工在农业生产中的地位和作用

种子加工在农业生产中的地位和作用主要体现在:

(1)种子加工是减少田间杂草提高农作物单位面积产量最经济、最有效的措施。加工后的种子清除了病虫害的籽粒和杂草种子,减少了种子病虫害和田间杂草。同时加工后的种子出苗整齐、苗多苗壮,一般可增产 5%~10%。

(2)减少播种量,节约种子。加工后的种子净度可提高 2%~3%,发芽率提高 5%~10%。

(3)提供不同级别的商品种子,防止伪劣种子进入流通领域。按市场需求加工成不同质量等级和尺寸级别的种子,进行防伪包装,提高种子的商品性,可有效地防止伪劣种子进入种子市场,实现打假护权。

(4)加工后的种子更适合田间机械化作业,提高作业效益。加工后的种子尺寸均匀,籽粒饱满,植株生长整齐,成熟一致,更适合机械化播种和收获作业。

(5)减少化肥和农药污染,保证农业可持续发展。包衣种子溶药肥于种衣剂中,缓慢释放,防病治虫,为幼苗生长提供了良好条件,可减少农药和化肥施用量,防止耕地土壤污染,利于环境保护。

三、我国种子加工业的形成和发展

我国种子加工业虽然起步较晚,但发展很快,大致可分为以下三个阶段:

1. 起步阶段(1955—1977年)

1955年沈阳农具厂试制了我国第一台种子清选机,1955—1959年共生产了336台。1975年我国第一家种子加工机械专业生产企业——石家庄市种子机械厂挂牌成立,开始生产种子加工机械。1977年从民主德国佩特库斯公司引进了K541型复式清选机,从瑞士布勒公司引进了MTLB-100型重力式分选机,测绘试制出了5XF-1.3A复式清选机和5XZ-1.0型重力式分选机,至今仍有多家企业在生产这两种清选机,已在多个省市推广应用,标志着我国种子加工业开始起步。

2. 快速发展阶段(1978—2000年)

1978年国务院发布《关于加强种子工作的报告》即"四化一供"(实现种子生产专业化、加工机械化、质量标准化和品种布局区域化,以其为单位组织统一供种),而后又在1996年农业部实施"种子工程"项目,这些举措都极大地推动了种子加工业的发展。

1978年、1980年和1985年三次,从国外引进种子加工成套设备共57套。其间1980年黑龙江省农副产品加工机械化研究所研究开发了我国第一套玉米种子加工成套设备,投放在呼兰县,从此我国开始自主生产种子加工成套设备。1992年又引进国外主机,由国内厂家配套连线,组成成套设备共50套。到2000年"种子工程"结束,全国已有种子加工机械生产企业30多家,产品有20多种200多个型号,年生产能力5 000多台。全国共建成种子加工厂767家,其中大中型种子加工中心215个,年加工能力490万吨。

3. 调整改革阶段(2001年至今)

2000年12月1日颁布实施"种子法",从此我国种子产业进入市场经济阶段,并开始实施现代化种业建设工程和种业自主创新工程。种子加工企业逐渐向海南、甘肃和四川国家级育种基地和区域性良种繁育基地转移,又新建了一批外资、合资种子加工企业。加工工艺日趋完善,加工技术水平不断提高。种子加工机械企业也开始进行产品结构调整,不断开发出新产品。

近十几年种子工业虽然有很大发展,但与发达国家比较仍有差距,主要表现在企业规模小,管理粗放,规模化、集约化、现代化程度不高,不能适应建设现代种业工程和种业自主创新工程要求。

随着国家对现代农业、绿色农业建设的重视,不断加大对种子加工科研投入、整合种子加工各领域科研力量、集中攻克一批制约种子加工业发展的技术难题,开发一批新产品、新设备、新材料,建设一批现代化大中型加工企业,推广一批种子加工成熟经验和适用技术,制修订一批种子加工质量标准和操作规程标准,推动种子加工业由数量增长向质量、效益和数量并重的转变。

四、种子加工技术学科的任务和范围

种子加工技术的主要内容包括种子的物理特性、种子预加工、干燥、清选、尺寸分级、包衣和定量包装、种子加工工艺流程、种子加工成套设备和种子加工厂的设计。种子加工技术是最近几年发展起来的新兴综合技术,在教学和学习的过程中会涉及其他学科知识,如种子学、农产品加工技术、农业机械、热工学和建筑学等。

种子加工技术是介绍主要农作物种子加工技术的应用型技术学科课程,涵盖种子收获后到贮藏前的全部加工。加工的种子包括主要粮食作物种子、蔬菜种子和经济作物种子。

通过学习种子加工技术课程,学生应掌握主要农作物种子加工技术,包括主要农作物种子的物理特性、加工工艺和加工成品种子质量要求;加工工艺流程设计和设备选择;主要加工设备结构和工作过程、使用和维护、常见故障分析和排除方法;主要加工设备的性能指标和加工成品的质量指标试验测定方法及种子加工厂设计等基本知识。

第一章 种子的物理特性

知识目标

◆ 了解与种子加工有关的各类种子的物理特性和含义。

◆ 理解种子各物理特性对种子加工的作用。

能力目标

◆ 能够利用种子和杂质的物理特性差异选择不同的筛选方式。

◆ 能够利用重力（相对密度）分选的方法清除种子中的轻杂、重杂或并肩石。

◆ 能够根据种子和杂质悬浮速度的差异清除种子中的轻杂。

◆ 能够把种子的流散特性和热特性运用到相对应的种子加工中。

第一节 种子籽粒外部形态

农作物种子种类繁多，具有相似或相异的形态特征，与种子清选、分级有密切关系。可以从种子籽粒尺寸、大小、形状和颜色几方面进行观察分析比较。

一、种子籽粒尺寸

种子籽粒尺寸按照从大到小分别用长度（a）、宽度（b）、厚度（c）三个轴向尺寸表示。图1-1 标注的是小麦种子 a、b、c 三个轴向尺寸。

种子三个轴向尺寸长度、宽度、厚度测定方法规定为从种子基部到顶部的距离为长度；两侧之间距离为宽度；腹背之间距离为厚度。通常规定长度大于宽度，宽度大于厚度。有些种子可能腹背之间的距离大于两侧之间的距离（如水稻种子），测定时可以把腹背之间距离作为宽度，两侧之间距离为厚度。但是一般不改变长度大于宽度，宽度大于厚度规定，即 $a>b>c$。

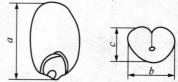

图1-1 小麦种子尺寸

a. 长度 b. 宽度 c. 厚度

同一作物同一品种种子的长、宽、厚尺寸也是不同的，在某一范围内变化。一般取200～

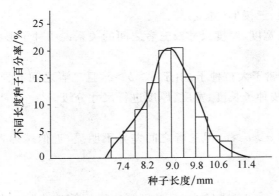

图 1-2 大麦种子长度尺寸变化曲线

300 粒种子,按上述规定测定出种子的长、宽、厚度尺寸变化范围,计算平均值,并以长、宽、厚的平均值作为该种子籽粒尺寸,应用于种子加工。

可用计算出的不同长(宽或厚)度尺寸种子占被测定种子总数的百分数为纵坐标。以测得种子长(宽或厚)度尺寸为横坐标,绘制出种子尺寸变化曲线。图 1-2 是大麦种子长度尺寸变化曲线。在实际生产加工时可根据大麦种子长度尺寸变化规律,确定长度分选设备的窝眼直径;根据种子宽度尺寸的上限和宽度或厚度尺寸的下限选择筛选设备的筛孔形状尺寸。

二、籽粒大小

种子形状复杂,很难用一个轴向尺寸判断出种子大小。常用种子粒径值说明种子大小,种子粒径按以下公式计算:

$$d = \frac{1}{3}(\bar{a} + \bar{b} + \bar{c})$$

式中:d—种子籽粒粒径,单位为毫米(mm);

$\bar{a}$、$\bar{b}$、$\bar{c}$—种子籽粒长度、宽度和厚度尺寸的平均值,单位为毫米(mm)。

根据种子籽粒粒径的大小通常把种子分为大粒、中粒、小粒三类,一般把小麦、水稻种子划归为中粒种子。这样三类种子的粒径值分别是:

1. 小粒种子

种子籽粒粒径小于或等于 3 mm(即 $d \leqslant 3$ mm),如粟、萝卜种子。

2. 中粒种子

种子籽粒粒径大于 3 mm 小于 5 mm(即 3 mm$<d<$5 mm),如高粱、绿豆种子。

3. 大粒种子

种子籽粒粒径大于或等于 5 mm(即 $d \geqslant 5$ mm),如玉米、大豆种子。

同一作物同一品种或同一类别(大粒或中粒)种子,在比较大小粒时,常用千粒重来判断(千粒重的概念下一节有详细说明)。如玉米种子千粒重为 240~360 g,显然千粒重 360 g 的种子要比 240 g 的种子粒大得多。

三、籽粒形状

种子外形有球形(豌豆)、椭圆形(大豆)、肾形(菜豆)、牙齿形(玉米)、纺锤形(大麦)、圆锥形(棉花)、扁卵形(瓜类)、三棱形(荞麦)等。

同样可用种子长度、宽度、厚度尺寸及三者之间的关系说明种子形状和适合的清选方法:

1. 玉米种子

从表 1-1 可以看出,属于大粒种子,由于 $a>b>c$,且三者之间差异明显,呈牙齿形。适合筛选清除大杂、小杂,可按种子长度、宽度、厚度进行尺寸分级。

2. 粟类种子

属于小粒种子,虽然 $a>b>c$,但三者之间差异不明显,近似球形,只能用筛选清除大杂、小杂。

3. 麦类、水稻种子

属于长粒种子,由于 $a>2b$ 且 $b>c$,呈纺锤形。可用筛选清除大杂、小杂,适合长度分选清除长杂或短杂。

4. 大豆种子

属于大粒种子,由于 $a=b>c$,呈椭圆形。可用筛选清除大杂、小杂,适合用形状分选清除异形杂质。

四、籽粒颜色

由于种子表层都含有色素,我们用肉眼就能观察到不同的种子都有其一定的颜色。种子颜色是评价种子质量最直观的指标,种子颜色均一,光泽度好,说明种子质量好,商品价值高。

主要粮食作物种子颜色如下:

(1)水稻种子颜色为黄色和金黄色。

(2)小麦种子有红皮小麦和白皮小麦两种。红皮小麦颜色为红色或褐色;白皮小麦颜色为白色或淡黄色。

(3)玉米种子主要有黄玉米和白玉米两种。黄玉米颜色为黄色或略带红色;白玉米颜色为白色或浅黄色。

(4)大豆种子有黄、青、黑等多种颜色。

种子固有颜色改变或混入其他颜色种子,应视为异色杂质,可采用色选法清除。

表 1-1 列出了主要禾谷类作物种子外部形态特征。

表 1-1   主要禾谷类作物种子外部形态特征   mm

作物	长度 a/平均值 $\bar{a}$	宽度 b/平均值 $\bar{b}$	厚度 c/平均值 $\bar{c}$	粒径 d	形状	颜色
小麦	4.5~8.0/6.2	2.2~4.0/3.0	2.1~3.7/2.9	4.1	长粒形	红、白
粳稻	7.0~8.0/7.4	3.2~3.6/3.4	2.1~2.5/2.3	4.4	长粒形	黄、金黄
籼稻	7.5~8.5/8.1	2.8~3.2/3.0	1.8~2.2/2.0	4.4	长粒形	黄、金黄
玉米	7.0~16.0/11.0	5.0~12.0/8.0	3.0~7.0/5.0	8.0	牙齿形	黄、白
大麦	7.0~14.0/10.8	2.0~4.2/3.1	1.2~3.6/2.4	5.4	纺锤形	土黄
高粱	3.7~5.8/4.8	2.5~4.0/3.3	1.8~2.8/2.3	3.5	近似球形	红褐
粟	1.5~2.5/2.0	1.4~2.0/1.7	0.9~1.5/1.2	1.6	近似球形	黄

第二节　种子的相对密度、容重和千粒重

种子籽粒的相对密度、容重和千粒重都是评定种子质量的重要指标。三者又有不同的特点，在种子加工中有其各自应用。

一、种子的相对密度

种子质量与其体积之比称作籽粒的相对密度（俗称比重），单位为 g/cm^3 或 kg/m^3。

种子的相对密度随品种不同而异。同一品种种子的籽粒，因其化学成分与组织结构差异，其相对密度也有一定的变化范围。

种子籽粒中主要化学成分的相对密度分别是淀粉 $1.48\sim1.61\ g/cm^3$、纤维素 $1.25\sim1.4\ g/cm^3$、蛋白质 $1.3\ g/cm^3$ 左右、脂肪 $0.9\ g/cm^3$ 左右。因此，一般含淀粉多的种子相对密度较大，含脂肪多的种子相对密度较小；不带壳的种子相对密度较大，带壳的种子相对密度较小。就同一籽粒来看，胚乳因含淀粉为主，故其相对密度最大；胚中富含蛋白质和脂肪，故其相对密度较小；皮壳中含纤维素多，其组织结构疏松，空隙多，因而相对密度最小。

种子的相对密度可在一定程度上反映出种子籽粒的质量。同一品种种子相对密度大，说明籽粒饱满，成熟度好，质量好。

相对密度在种子加工中主要用于种子清选。重力式分选机、重力去石机和重力谷糙分离机都是根据种子籽粒与杂质相对密度的差异，利用重力（相对密度）分选法清除种子中的轻杂、重杂或并肩石。

二、种子的容重

单位容积内的种子质量称作容重，单位为 g/L 或 kg/m^3。

种子的容重受多种因素影响，包括种子籽粒形状、尺寸、整齐度、成熟度、化学成分以及含杂率和杂质种类等。种子籽粒的粒径小，形状规则，成熟度好，脂肪含量少，含杂率低，则其容重较大，反之容重较小。

一般情况下，容重越大，种子质量越好。但也有例外，油料种子脂肪含量越多质量越好，容重反而越小。

容重在种子加工中主要用于种子体积和质量换算以及干燥机、干燥室和贮存仓容积的设计计算。

三、种子的千粒重

每 1 000 粒种子的质量称作种子的千粒重，单位为 g。

种子水分不同，千粒重也不同。为排除水分对千粒重的影响，通常所讲的千粒重是指国家种子质量标准规定水分的 1 000 粒种子质量。

千粒重是评价原料种子粒径大小和饱满程度最直接的指标，可以根据千粒重准确地对比出不同原料种子粒径的大小。籽粒越大越饱满，其千粒重越大。

主要粮食作物种子的相对密度、容重和千粒重见表1-2。

表 1-2　主要粮食作物种子的相对密度、容重和千粒重

作物	相对密度/(g/cm³)	容重/(g/L)	千粒重/g
水稻	1.17～1.22	460～600	18～34
小麦	1.33～1.45	651～765	23～58
玉米	1.20～1.30	725～750	240～360
大豆	1.14～1.28	725～760	110～250

第三节　种子的悬浮速度和流散特性

悬浮速度和流散特性是在种子加工过程中反映出种子的个体和群体特性,有利也有弊。

一、种子的悬浮速度

种子在垂直向上的气流作用下会受到向上的作用力,当向上的作用力与种子自身的重力相等时,种子在气流中将处于悬浮状态,此时的气流速度称作该种子的悬浮速度。

悬浮速度大小与种子的粒径、形状、相对密度和表面状态等因素有关。粒径大则相对密度大,形状规则,表面光滑,悬浮速度大。如大粒种子玉米的悬浮速度为 9.8～13.5 m/s,中粒种子水稻的悬浮速度为 7.7～9.5 m/s。

种子的悬浮速度主要用于种子初清,如垂直气流清选机是根据种子与杂质悬浮速度差异,利用气流速度大于杂质悬浮速度而小于种子悬浮速度的气流,清除种子中的轻杂。

主要粮食作物种子的悬浮速度见表1-3。

表 1-3　主要粮食作物种子的悬浮速度

m/s

作物	悬浮速度	作物	悬浮速度
水稻	7.7～9.5	玉米	9.8～13.5
小麦	7.4～11	大豆	7.5～12

二、种子的流散特性

种子流散特性包括散落性和自动分级。

(一)种子的散落性

1. 散落性的定义

种子从高处自然下落向四周流散形成一个圆锥体的特性,称作种子的散落性。散落性大

小通常用静止角和自流角表示。

(1)静止角　种子从高处自然下落形成圆锥体的斜面与水平面的夹角称作静止角(又称自然坡度角)。静止角与散落性成反比,散落性大静止角小,散落性小静止角大。种子静止角大小与种子水分、形态特征、混杂物等均有密切关系。种子水分高、表面粗糙、混杂物多,则静止角大。主要粮食作物种子的静止角见表1-4。

表1-4　主要粮食作物种子的静止角　　　　　　　　　　　　　　(°)

作物	起始	上限	变化范围
水稻	37	45	8
小麦	23	38	15
玉米	30	40	10
大豆	24	32	8

(2)自流角　种子在不同材料斜面上开始下滑时和绝大多数种子滑落时,斜面与水平面的夹角称作自流角(又称外摩擦角)。种子散落性大,自流角小;散落性小,自流角大。一般情况下种子静止角小,自流角也小。

种子的物理特性和斜面材料特性直接影响自流角大小。同一种子在不同材料斜面上滑动测定的自流角不同,如水稻种子在钢板上的自流角是 $24°\sim26°$,在未刨光的木板上自流角是 $35°\sim47°$。不同种子在同一材料斜面上的自流角也不同,如大豆种子在钢板上自流角 $14°\sim22°$ 明显小于水稻种子的自流角。

2. 静止角和自流角测定

(1)静止角测定　取漏斗一个,安装在一定高度,种子样品通过漏斗落于一平面上,形成一个圆锥体,再用特殊的量角器测得圆锥体的斜度,即是静止角。

(2)自流角测定　将某种种子(小麦或玉米)放在长方形钢板(或未刨光的木板)上,提起钢板的一端,慢慢倾斜,达到一定角度,种子开始滑动时和绝大多数滑落时,用角度尺量出斜面与水平面的夹角,即是该种子在钢板(或未刨光木板)上的自流角。

3. 影响种子散落性的主要因素

(1)种子籽粒的形状和表面状态　种子籽粒粒径大、球形表面光滑、相对密度大则内摩擦系数小,静止角小,散落性大。

(2)种子水分　种子水分不同,散落性不同。种子水分大,表面涩滞,籽粒之间吸着力大则内摩擦系数也大,散落性小。种子水分与静止角的关系见表1-5。

表1-5　种子水分与静止角的关系

项目	水稻		小麦		玉米		大豆	
水分/%	13.7	18.5	12.5	17.6	14.2	20.1	11.2	17.7
静止角/(°)	36.4	44.3	31.0	37.1	32.0	35.7	23.3	25.4

(3)含杂率　种子含杂质多,会降低流散性,特别是轻杂本身流散性差,会阻碍种子流散,明显降低种子散落性。

4. 散落性与种子加工的关系

(1)种子散落性大可提高清选设备生产率。清选散落性大的种子要比清选散落性小的种子生产率高。

(2)散落性是确定自流设备工作参数的依据。使用带式输送机输送种子,皮带倾角要小于输送种子的自流角,避免种子反向流动;使用溜筛和自溜管,筛面倾角和溜管倾角要大于种子静止角才能正常作业。

(3)种子散落性会对贮仓产生侧压力。种子散落性越大,对仓壁的侧压力越大;仓内装的种子越高,对仓壁侧压力也越大。因此在使用原料种子仓、暂存仓和成品种子仓时,散落性大的种子要少装,散落性小的种子可多装。

(二)种子的自动分级

1. 自动分级概念和产生原因

种子在振动、移动或高处散落过程中,同类型、同质量的种子和杂质会集中在种子堆或种子仓的同一部位,从而引起种子堆组成成分有规律的重新分布,这种现象称为自动分级。

种子籽粒和杂质固有的物理特性不同,在振动散落过程中,具有的初始动能和重力势能不同,受到的空气阻力、重力和摩擦力作用不同,导致运动方向和速度不同,最后落点也不一样,是形成自动分级的原因。

2. 自动分级类型

按自动分级形成的原因,可分以下三种类型。

(1)重力(相对密度)分级　多发生在使用振动输送机和振动给料机输送种子过程中或种子散装长途运输之后。不同性质的种子和杂质重新调整位置,相对密度大的种子和重杂下沉到底层,相对密度小的种子和轻杂浮在上层,二者之间的种子和杂质集中在中层,形成有序的层化分级现象。

(2)浮力(悬浮速度)分级　多发生在种子和杂质,从高处散落过程中,悬浮速度大的种子直接快速下落,悬浮速度小的轻杂下落慢,会漂移落点,形成分级现象。

(3)气流分级　多发生在场院或晒场有风天用输送机输送或集堆种子过程中,轻杂多集中下风头(处),也是自动分级现象。

3. 种子自动分级与种子加工的关系

(1)原料仓内种子如发生自动分级,会形成杂质集中分布区,这个区的种子直接进料给清选机清选,可能达不到种子净度要求,影响加工成品质量。

(2)用提升机和输送机给种子加工设备进料,在进料口发生自动分级,会使原料种子中灰土集中溢出,增加车间的粉尘浓度。

(3)种子自动分级也有可利用的一面。如重力分选机、重力去石机和重力谷糙分离机都是利用种子重力(相对密度)分级特性,清除种子中的轻杂、重杂或并肩石;人工扬场,用扬场机扬场是利用种子浮力(悬浮速度)分级特性,清除种子中的轻杂;气流清选机、我国古代使用的木制风车则是利用种子气流分级特性,清除种子中的轻杂。

第四节 种子的热特性

种子的热特性包括比热容、导热性和导温性。种子的热特性与种子的干燥有着密切的关系。

一、种子的比热容

单位质量的种子,温度每变化1℃(或1 K)所需要的热量,称作比热容,也称热容量。种子的比热容是种子中干物质和水的比热容之和,按以下公式计算:

$$c = c_g \frac{c_s - c_g}{100} \times M$$

式中:c—种子的比热容,单位为千焦每千克度[kJ/(kg·℃)];

c_g—干物质的比热容,单位为千焦每千克度[kJ/(kg·℃)];

c_s—水的比热容,单位为千焦每千克度[kJ/(kg·℃)];

M—种子水分(%)。

影响种子比热容的主要因素是种子水分。干物质比热容很小,水的比热容远大于干物质的比热容。不同种子的比热容不同,同一种种子水分不同比热容也不同。水分越高,比热容越大。主要粮食作物种子的比热容见表1-6。

表1-6 主要粮食作物种子的比热容

粮食作物	种子水分/%	比热容/[kJ/(kg·℃)]
水稻	10.2～17.0	1.58～1.88
小麦	1.3～17.5	1.30～1.87
玉米	9.0～30.2	1.53～2.46
大豆	18.0～20.0	1.63～2.21

二、种子的导热性

种子内部存在温差时,热量总是从高温部位向低温部位转移,种子这种传递热量的性能称作导热性。导热性的强弱通常用热导率表示。

种子的热导率是指1 m厚的种子层在上层和下层温度差1℃(或1 K)时,单位时间通过1 m²上层表面面积的热量,也称导热系数。按以下公式计算:

$$\lambda = \frac{Q \cdot h}{F \cdot t \cdot \Delta T}$$

式中:λ—种子的热导率,单位为瓦特每米度[W/(m·℃)];

Q—导热量,单位为焦耳(J);

h—种子层厚度,单位为米(m);

ΔT—表层与底层温差,单位为度(℃);

　F—导热面积,单位为平方米(m^2);

　t—导热时间,单位为小时(h)。

热导率的数值越大,导热能力越强,种子的热导率为 0.12～0.23 W/(m·℃)、水的热导率为 0.51 W/(m·℃)、空气的热导率为 0.21 W/(m·℃),均为热的不良导体。

三、种子的导温性

种子在传热的同时,本身也会吸收部分热量而被加热,提高了温度,称作导温性。导温性也表示种子内部各点温度趋于一致的能力。导温性强弱通常用导温系数表示。导温系数是一个综合系数,包括热导率和比热容,按以下公式计算:

$$\alpha = \frac{\lambda}{c \cdot \gamma}$$

式中:α—导温系数,单位为平方米每秒(m^2/s);

　γ—种子容重,单位为千克每立方米(kg/m^3)。

种子的比热容 c 与容重 γ 的乘积称为体积比热容,它表示种子储热能力。如果种子导热系数 λ 一定,c、γ 值越大,导温系数 α 越小,说明种子储热能力大,即种子不易加热也不易冷却。

四、种子热特性与种子干燥的关系

(1)导热性、导温性强的种子干燥快,干燥周期短。

(2)高水分种子导热性、导温性强,受热快,降水速度也快。

(3)种子籽粒导热性、导温性都比种子层或种子堆强,适当降低种子层厚度,使干燥介质(加热空气)与种子籽粒充分接触,加速种子籽粒内部水分转移,干燥速度加快。

(4)干燥比热容大的种子要比干燥比热容小的种子热耗值大,耗能高。

应用案例

木制风车在清除种子轻杂的应用

早在 1637 年出版的《天工开物》一书就有木制风车的应用先例,并有插图及说明。"稻最佳者九穣一秕,倘风雨不时,耘籽失节,则六穣四秕者容有之。凡去秕,南方尽用风车扇去。北方稻少,用扬法,即以扬麦、黍者扬稻,盖不若风车之便也。"

风车(风车扇)的结构与现在农村使用的木制风车一样,作用相当于水平气流清选机,主要清除种子(或粮食)中的轻杂。

在种子(或粮食)从喂入斗下落过程中,受自身重力 G 和手摇风机产生的水平气流作用力 P(空气浮力忽略不计)作用下,会向 G 和 P 的合力 R 方向运动,轨迹为一抛物线,如图 1-3 所示。

合力 R 与重力 G 的夹角为 φ,φ 越大,种子被气流带走

的距离越远,反之越近。φ 角的正切是气流作用力 P 与重力 G 的比值,又称为种子(或粮食)籽粒的飞行系数,也能表示种子在水平气流作用下的自动分级特性。即:

$$\tan\varphi = \frac{P}{G}$$

由于种子和轻杂的飞行系数不同,在同一水平气流作用下的运动轨迹也不同,种子会沿合力方向下落,从风车的主排出口排出。轻杂则沿自己的运动轨迹(飞行)从风车后端排风口排出。

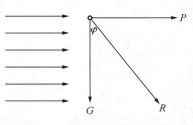

图 1-3　种子在水平气流中受力

本章小结

种子加工是提高种子质量的重要手段,是种子商品化的关键环节。种子的物理特性与种子加工密切相关,熟悉和掌握种子物理特性,对种子清选、分级、干燥、包衣、包装都有重要的意义。

种子质量可利用相对密度、容重、千粒重来评定。相对密度是种子质量与其体积的比值,重力分选法就是根据种子相对密度与加工中杂质的差异进行种子清选的。容重是单位容积内种子的质量,加工过程中,种子体积和质量换算及贮仓容积设计计算都离不开容重。千粒重是评价原料种子粒径大小和饱满程度最直接的指标,可以根据千粒重准确地对比出不同原料种子粒径的大小。

种子在垂直气流作用下会处于悬浮状态,这时的气流速度被称为种子的悬浮速度。种子初清正是利用悬浮速度特性清除种子中的轻杂。种子的流散特性包括散落性和自动分级。散落性应用于清选加工,而种子的自动分级应用于分级加工。

比热容是单位质量的种子温度每变化 1℃ 所需要的热量。导温性是种子内部存在温差时,从高温向低温传递热量的性能。导温性是种子在传热的同时自身吸收热量而被加热,提高了温度。种子的热特性与种子的干燥有着密切的关系。

思考题

1. 以小麦为例用简图表述种子三个轴向尺寸长、宽、厚度及测定方法。
2. 说出种子容重、种子相对密度、种子千粒重的含义及在种子加工中的应用。
3. 何谓悬浮速度? 影响种子悬浮速度的因素有哪些?
4. 简述种子散落性和自动分级与种子加工的关系。
5. 试述种子热特性与种子干燥的关系。

第二章　种子预加工

知识目标

◆ 了解需要预加工种子的种类和特点。

◆ 理解种子预加工的目的、技术指标和要求。

◆ 掌握典型预加工设备结构、工作过程以及维护保养的方法。

能力目标

◆ 能够说出各预加工设备相对应加工的种子。

◆ 能够根据设备的性能指标选择预加工设备。

种子预加工是对某些种子预先进行的加工工序。比较典型的种子预加工工序有玉米果穗（种子）脱粒、水稻种子除芒、蔬菜种子刷清、甜菜种子磨光、棉花种子脱绒等。常用的种子预加工设备有玉米果穗脱粒机、水稻种子除芒机、蔬菜种子刷清机、甜菜种子磨光机、棉种脱绒成套设备等。

第一节　玉米果穗脱粒

玉米果穗收获时通常水分较大，需经干燥将玉米果穗水分降低到 18.0%～22.0%方可进行脱粒。常用的玉米果穗脱粒机有钉齿式脱粒机和齿板式脱粒机。钉齿式脱粒机是利用钉齿打击脱粒，齿板式脱粒机是利用齿板揉搓脱粒。

一、5TY-10 玉米果穗脱粒机结构和工作过程

（一）5TY-10 玉米果穗脱粒机结构

5TY-10 玉米果穗脱粒机（以下简称脱粒机）主要由喂入斗、脱粒滚筒、凹板、芯轴排出装置、传动部分等构成，见图 2-1。

1. 脱粒滚筒

脱粒机的主要工作部件，筒上固定有弧形齿板及弧形板。

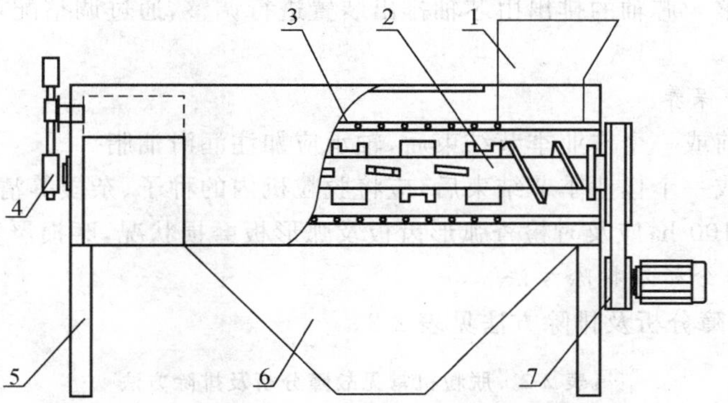

图 2-1　5TY-10 玉米果穗脱粒机结构示意图

1. 喂入斗　2. 脱粒滚筒　3. 凹板　4. 芯轴排出装置　5. 机架　6. 出料口　7. 传动部分

2. 凹板

栅格式结构,用机架内侧壁上的凹板托夹紧,应使凹板与脱粒滚筒齿板间隙一致。

3. 芯轴排出装置

由内压板、转轴、配重轴及配重组成。

(二)5TY-10 玉米果穗脱粒机工作过程

玉米果穗经喂入部分进入脱粒滚筒与凹板之间的空隙。脱粒滚筒低速转动,通过齿板的揉搓,在玉米果穗之间及玉米果穗与凹板之间的摩擦力的作用下,籽粒与芯轴分离。弧形齿板及弧形板在脱粒滚筒上沿螺旋线排列,使玉米果穗被揉搓时向前推进,在推进过程中,籽粒与芯轴分离,芯轴经排芯口排出机外,脱下的玉米籽粒通过凹板由出料口排出。

二、脱粒机的性能指标

玉米果穗水分为 18.0%～22.0%,脱粒机主要性能指标见表 2-1。

表 2-1　脱粒机主要性能指标　　　　　　　　　　　　　　　　　%

项目	指标	项目	指标
脱净率	≥99	破碎率	≤1.0
飞溅损失率	≤0.5	含杂率	≤5
夹带损失率	≤0.5		

三、脱粒机使用和维护

1. 脱粒机使用调整

(1)试运转　检查脱粒滚筒旋转方向是否正确,面对脱粒滚筒皮带轮,脱粒滚筒皮带轮顺时针方向旋转即为正确旋转方向。

(2)进料量的调整　脱粒机的进料应均匀连续,一般采用振动给料机进料。喂入斗内有控制进料量挡板,通过它来调整进料量。

（3）排芯量调整　芯轴的排出由芯轴排出装置进行调整,通过调整配重在配重轴上的位置控制芯轴的排出量。

2．脱粒机维护保养

（1）每次作业前或一个作业季节结束后,轴承应加注润滑油脂。

（2）更换品种或一个作业季节结束后,应将脱粒机内的种子、杂质等清除干净,避免混种。

（3）累计作业 100 h,应及时检查弧形齿板及弧形板磨损状况,磨损严重应及时更换。

3．脱粒机故障分析及排除方法

脱粒机常见故障分析及排除方法见表 2-2。

表 2-2　脱粒机常见故障分析及排除方法

序号	故障现象	产生原因	排除方法
1	玉米果穗种子在喂入口堵塞	喂入量过大	调整喂入量或疏通喂入口
2	玉米果穗脱不净	芯轴排出口开度过大	调整芯轴排出口
		脱粒滚筒的齿板磨损严重	检查滚筒,更换齿板
		脱粒滚筒与凹板间隙过大	调整间隙
3	破碎率大	脱粒滚筒转速高	调整间隙
		脱粒滚筒与凹板间隙过小	调整间隙
4	脱粒滚筒堵塞	滚筒转速低	调整转速
		喂入量过大	减少喂入量
		芯轴排出口调节不当	调节芯轴排出装置

第二节　水稻种子除芒

水稻种子外稃尖端部分称为芒,除芒后可提高种子的流动性,有利于后序加工作业。水稻种子除芒是利用除芒部件的旋转,使种子与除芒部件、种子籽粒之间相互搓擦作用,去除水稻种子的长芒。

一、5C-3 水稻种子除芒机结构和工作过程

（一）5C-3 水稻种子除芒机结构

5C-3 水稻种子除芒机（以下简称除芒机）主要由进料口、除芒室、除尘口、出料口、传动部分等构成,见图 2-2。

除芒机的主要作业部分是除芒室,由固定外筒和转动方轴组成。除芒部分是固定在外筒内壁和转动方轴上的叶板,其倾角角度为 0°～15°,按右旋螺旋线排列,在除芒的同时,兼有轴向输送作用。

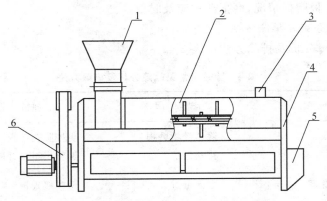

图 2-2　5C-3 水稻种子除芒机结构示意图

1. 进料口　2. 除芒室　3. 除尘口　4. 机架　5. 出料口　6. 传动部分

(二)除芒机工作过程

带芒水稻种子由进料口进入除芒室内,在螺旋排列的叶板作用下,作圆周和轴向运动,通过叶板的棱角搅拌和揉搓去除种子的长芒,除芒后的种子由出料口排出,除掉的芒尘从除尘口被吸出。

二、除芒机的性能指标

除芒机主要性能指标见表 2-3。

表 2-3　除芒机主要性能指标　　　　　　　　　　　　　　　％

项目	指标
生产率/(t/h)	3
除芒率/%	≥85
总损失率/%	≤2

三、除芒机使用和维护

1. 除芒机使用调整

(1)安装时,机架纵向、横向都要保持水平。

(2)使用前,紧固各部件螺栓,查看皮带传动有无障碍,皮带张紧要适宜。

(3)进料量应在作业状态下进行调整,首先对配套提升机的生产率进行调整,根据除芒机的生产率和除芒率调整进料口开度。

(4)作业完成后,应继续空转 5 min,排净全部种子后再停机。停机后打开位于外筒下部的清理门,清除残留物。

2. 除芒机维护保养

(1)每次作业前或一个作业季节结束后,轴承应加注润滑油脂。

(2)更换种子品种或一个作业季节结束后,应将除芒机内种子清除干净,防止品种混杂。

（3）定期检查叶板磨损情况，磨损严重应及时更换。

3. 除芒机故障分析与排除方法

除芒机常见故障分析及排除方法见表2-4。

表 2-4　除芒机常见故障分析及排除方法

序号	故障现象	产生原因	排除方法
1	除芒率低	除芒叶板磨损 排料过快	更换除芒叶板 调整出料口开度
2	进料口堵塞	喂入量过大	调整喂入量
3	除芒室堵塞	喂入量过大	调整喂入量或调整出料口开度
4	破碎率大	转速过高	调整转速

第三节　蔬菜种子刷清

蔬菜种子刷清就是清除种皮（果皮）外的附属物、粘连物。种子经刷清处理后，表面变得光滑，增加了流散性，便于进一步加工。种子刷清多用于蔬菜种子，典型设备是蔬菜种子刷清机。

一、5SQ-2 蔬菜种子刷清机结构和工作过程

（一）5SQ-2 蔬菜种子刷清机结构

5SQ-2 蔬菜种子刷清机（以下简称刷清机）主要由进料口、刷清间隙调整机构、刷清室、传动机构、出料口、机架等构成，见图 2-3。

1. 进料口

进料口内设有进料挡板，用来调整进料量。

2. 刷清间隙调整机构

由内轴、调整手轮、两个齿轮箱等组成。内轴安装在主轴的内孔里，内轴通过其上的三个键，将两个大伞齿轮和手轮固定，通过旋转手轮来带动两个大伞齿轮旋转，再通过两个大伞齿轮带动四个小伞齿轮及与它连接在一起的丝杠旋转，毛刷随丝杠的旋转作径向移动，从而使刷面与筛筒的间隙得到调整。

3. 刷清室

由转动的毛刷和筛筒组成。筛网由不锈钢丝编织而成，圆弧形筛网固定在机架上形成筛筒。刷清工作部件毛刷固定在主轴上，与主轴一起旋转。

4. 传动机构

由电机、三角皮带及皮带轮等组成。电机固定在机架上，通过三角皮带带动主轴旋转，主

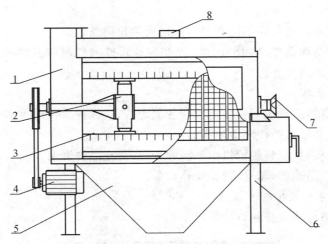

图 2-3 5SQ-2 蔬菜种子刷清机结构示意图

1. 进料口 2. 刷清间隙调整机构 3. 刷清室 4. 传动机构 5. 出料口 6. 机架 7. 调节手轮 8. 吸尘口

轴的转速可通过更换不同直径的电机皮带轮调整。

5. 出料口

出料口内装有出料口挡板,出料口挡板的高低可以调整,用来控制刷种时间。

6. 机架

由底架、底板、侧板和顶盖等组成。刷种过程中清除的附属物、粉尘从顶盖上的吸尘口被吸出。

(二)种子刷清机工作过程

种子由进料口进入,在进料挡板调节下连续均匀的进入筛筒,毛刷旋转带动种子在毛刷和筛筒之间运动,使种子与种子之间、种子与固定筛网之间产生摩擦和揉搓,除去种子表面的附属物或粘连物。去除物从盖板上的吸尘口吸出,被刷清后的种子通过出料口排出。

二、刷清机的性能指标

当原料种子水分符合刷清要求时,刷清机主要性能指标见表2-5。

表 2-5 刷清机主要性能指标

项目	指标
除净率/%	≥93
破碎率/%	≤1.5
加工后种子温度/℃	≤40

三、刷清机使用和维护

1. 刷清机使用

(1)根据不同品种的种子及附属物和粘连物结合程度,确定刷清间隙和刷清时间,刷清间隙和刷清时间。

（2）主轴的转速可通过更换不同直径的电机皮带轮调整。

（3）调整毛刷与筛筒筒壁之间的间隙、改变主轴转速或控制排料时间等均可改变刷清效果，以适应不同种子的表面处理。

2. 刷清机维护保养

（1）每次作业之前，应按说明书要求检查各固定件、连接件及传动等部分。

（2）每半年应对各轴承加注润滑油脂。

（3）种子品种更换时，应将刷清机内外清除干净，防止品种混杂。

（4）存放时，应切断电源，彻底清扫，检修设备。

3. 刷清机故障分析及排除方法

刷清机常见故障分析及排除方法见表 2-6。

表 2-6　刷清机常见故障分析及排除方法

序号	故障现象	产生原因	排除方法
1	种子进料堵塞	进料口堵塞	疏通进料口
2	主轴转速降低	电机皮带松弛	调整电机皮带
3	除净率低	刷清时间短 刷清间隙大 毛刷磨损	调整出料挡板 减小刷清间隙 更换毛刷
4	种子破碎率高	刷清时间长 刷清间隙小	调整出料口挡板 增加刷清间隙

第四节　甜菜种子磨光

甜菜种子表面包有粗糙木质化花萼，常带有褐斑病等病菌，经过磨光处理后，利于后续清选加工，便于包装、运输和贮藏。

一、5MG-3 甜菜种子磨光机结构和工作过程

（一）5MG-3 甜菜种子磨光机结构

5MG-3 甜菜种子磨光机（以下简称磨光机）主要由进料口、螺旋输料器、磨光室、出料调整装置、主轴、除尘部分及传动机构等构成，见图 2-4。

1. 进料口

进料口内装有进料挡板，改变进料挡板的开度可以调整进料量。

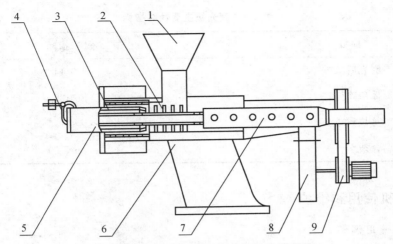

图 2-4 5MG-3 甜菜种子磨光机结构示意图

1. 进料口 2. 螺旋输料器 3. 磨光室 4. 出料调节装置 5. 出料口
6. 机架 7. 主轴 8. 除尘部分 9. 传动机构

2. 螺旋输料器

固定在主轴上,作用是把进料口进入的种子输送至磨光室。

3. 磨光室

由压辊和筛片支架组成,压辊安装在主轴上,压辊上开有与主轴连通的缝槽。

4. 出料调节装置

由配重调整种子出料口的开口大小,调节出料量,控制磨光时间。

5. 主轴

主轴是一根两端封闭的空心轴,在磨光室段的主轴上连续开有小孔,使风机产生的气流进入磨光室。

6. 除尘部分

由风机、连接管道组成,除去磨光产生的灰尘和杂质。

7. 传动机构

由皮带轮和电机构成,带动主轴旋转。

(二)磨光机工作过程

磨光机工作时,种子经进料口进入,被螺旋输料器推送到磨光室。在转动压辊作用下,在种子与种子之间以及种子与筛片内壁之间的相互挤擦作用下被逐渐磨圆抛光,通过改变出料调节装置配重杆上的配重位置,调整磨光效果。由风机产生的气流通过空心轴送入磨光室,经压辊的缝槽吹出,磨光产生的磨下物通过筛孔进入除尘管道排出。

二、磨光机的性能指标

磨光机主要性能指标见表 2-7。

表 2-7 磨光机主要性能指标   %

项目	指标
磨光后减重	≥14
体积降低	≥37
总粒数减少	≤1.3
含杂率	≤1.0

三、磨光机使用和维护

1. 磨光机使用调整

(1)调整进料挡板的开度可以调整喂入量。

(2)通过改变出料调整装置的配重,调整出料量,从而调整磨光效果。

(3)在筛片拼接处安装筛片衬垫物,保证筛片与筛片支架间无空隙。

2. 磨光机维护

(1)每次作业前或一个作业季节结束后,轴承应加注润滑油脂。

(2)每批种子加工后应清理磨光机筛筒,若筛筒出现损坏应立即更换。

(3)作业一定时间后,清理压辊上的气孔,防止堵塞。

3. 磨光机故障分析及排除方法

磨光机常见故障分析及排除方法见表 2-8。

表 2-8 磨光机常见故障分析及排除方法

序号	故障现象	产生原因	排除方法
1	主轴转速降低	电机皮带松弛	调整电机皮带
2	磨光效果差	磨光时间短	调整配重块位置
3	生产率低	磨光时间长	调整出料挡板
4	磨下物排不出	筛孔被阻塞	清除阻塞的筛孔

第五节 棉花种子脱绒

棉花种子即籽棉去除皮棉后的毛籽表面残留一层短绒,毛籽之间易互相粘连,流散性差,不能直接进行清选,必须进行棉种脱绒。

棉种脱绒工艺可分为化学脱绒和机械脱绒两类。化学脱绒主要包括干酸脱绒、浓硫酸脱绒、稀硫酸脱绒和泡沫酸脱绒等工艺。稀硫酸脱绒又分为过量式稀硫酸脱绒和计量式稀硫酸脱绒。机械脱绒按采用磨料的不同,主要分为砂瓦脱绒和钢刷脱绒两种。棉种脱绒应用较多的是过量式稀硫酸脱绒技术和泡沫酸脱绒技术。

一、过量式稀硫酸脱绒技术

过量式稀硫酸脱绒技术是将稀硫酸均匀喷洒搅拌在毛籽上,通过硫酸的作用使短绒炭化,再经干燥摩擦脱掉短绒。过量式稀硫酸脱绒技术是棉种脱绒工艺中较为成熟可靠的加工工艺。此工艺操作方便、能耗低、加工成本低。加工后棉种残绒率低、残酸率低,对种子损伤小,可以不用氨中和,利于种子贮藏。加工过程中的稀硫酸液可以回收循环利用,既节约成本,又减少了对环境的污染。

(一)过量式稀硫酸脱绒成套设备组成

过量式稀硫酸脱绒成套设备主要由计量仓、注施机、离心机、干燥机、摩擦机组成。辅助设备包括稀硫酸罐、离心泵、除尘系统等。

(二)过量式稀硫酸脱绒成套设备工作过程

首先将硫酸稀释到8％～10％浓度后,将毛籽与稀硫酸液按3∶1的比例在搅拌槽内进行浸泡搅拌,然后送入离心机中甩干,脱去多余的酸液,酸液经过回收管回收,过滤后可以重复利用。毛籽经离心机处理后,输送到干燥机中进行干燥。随着水分的蒸发,稀硫酸不断浓缩,棉绒逐步碳化变脆,在转动摩擦中脱落。干燥机的入口温度应低于210℃,出口温度为55℃左右,干燥机出口的种子温度50～53℃,种子在干燥机中干燥的时间10～12 min。从干燥机中出来的毛籽,短绒尚未完全脱落,再输送到摩擦机中继续摩擦,使棉绒全部脱掉。

(三)过量式稀硫酸脱绒成套设备脱绒后质量指标

原料毛籽短绒含量不大于10.0％,毛籽的水分不大于12.0％。过量式稀硫酸脱绒成套设备脱绒后种子质量指标,见表2-9。

表 2-9　过量式稀硫酸成套设备脱绒后种子质量指标　　　　　　　　　%

项目	指标	项目	指标
种子发芽率	不低于加工前	光籽残酸率	≤0.15
光籽残绒率	≤1	含水率	≤12.0

(四)过量式稀硫酸脱绒成套设备使用和维护

(1)稀硫酸的浓度应保持恒定,且给料量应均匀稳定。

(2)主电动机油泵、电动机及离合器内的轴承用钠基润滑脂,每隔半年换油1次。

(3)易磨损的零件如轴套、活塞、筛网、轴承等应经常检查,及时更换。

(4)离心机每工作200～300 h后,应再涂防酸漆。

(5)离心机主轴的前后轴承的润滑,在正常情况下每3年更换1次。

二、泡沫酸脱绒技术

泡沫酸脱绒技术是在稀硫酸脱绒技术的基础上发展起来的,省去了离心机,投资成本较低,适合在不同气候条件下使用。工作过程中,供料、供酸系统稳定,干燥、摩擦温度易于控制,用酸量少,干燥能耗低,易中和。

泡沫酸脱绒是把浓度为98%的浓硫酸、水、发泡剂按比例混合,在压缩空气的作用下使硫酸稀释并泡沫化,增大单位重量的酸的体积,通过输送管道将泡沫酸送入反应槽,与棉种均匀混合,然后将含有泡沫酸的棉种输入干燥机中干燥,使稀酸浓缩,水解炭化并在摩擦机中脱去棉绒。脱绒棉种经氨中和后,可以直接进行精选。

泡沫酸脱绒技术与稀硫酸脱绒技术的不同之处:在浓度为8%~10%的稀硫酸中加入了一种发泡剂,在压缩空气的作用下,使之泡沫化,使稀硫酸的体积增加近50倍,大大增加了稀硫酸溶液的渗透活性和与棉绒的接触机会。用最少量的酸液浸透尽量多的棉绒,不仅将酸籽比提高到1:50,减少了硫酸的用量,而且由于毛籽是和泡沫化的硫酸接触,靠棉绒的毛细管作用吸收酸液,酸液不易渗入种子内部,有效地降低对种子质量的影响。

(一)5TRMP-3泡沫酸脱绒成套设备组成

5TRMP-3泡沫酸脱绒成套设备主要由旋风分离器、棉种洒注机、干燥机、绒籽分离箱、种子残酸中和器组成,辅助设备包括供酸泵、酸罐、热交换器、提升机等,见图2-5。

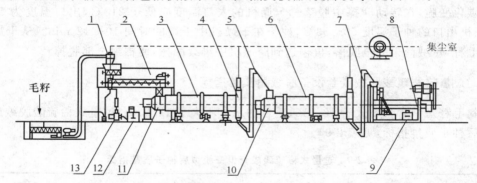

图2-5 泡沫酸脱绒成套设备工艺流程图

1. 旋风分离器 2. 棉种洒注机 3. 第一干燥机 4. 绒籽分离箱 5. 第一斗式提升机 6. 第二干燥机
7. 第二斗式提升机 8. 种子残酸中和器 9. 碱罐 10. 第二热交换器 11. 第一热交换器 12. 酸罐 13. 酸泵

(二)泡沫酸脱绒成套设备工作过程

毛籽经过计量后,利用气流输送到旋风分离器,通过阻风阀进入种子酸处理机,同时泡沫酸经供酸泵、流量计供给泡沫发生器,产生泡沫洒注在棉种洒注机中的毛籽上,经过搅拌、润湿,然后送往第一干燥机中的旋转滚筒,滚筒中的气流,是经过第一热交换器、电加热器与空气交换产生(或电热风炉直接供的)140~160℃的热空气,湿毛籽在干燥滚筒内与热空气混合,水分被蒸发,使毛籽表面硫酸浓度增高,短绒脆化,经翻搅和摩擦,脱掉部分短绒,到达出料口时,气流温度为50℃左右,脱掉的短绒和棉种经过绒籽分离箱分离,短绒随气流进入集尘室,棉种经过第一台斗式提升机进入摩擦滚筒。在第二热交换器中与空气交换产生的(或电热风炉直接供给的)65～75℃的热空气进入摩擦滚筒,继续对棉种进行干燥和摩擦,使棉种表面的短绒全部脱落,成为光籽,然后由第二台斗式提升机送到种子残酸中和器,用浓度13%的氨水(或17%氢氧化钠水溶液)进行中和,使光籽表面残酸含量小于0.15%。

(三)泡沫酸脱绒成套设备脱绒后质量指标

泡沫酸脱绒成套设备脱绒后种子质量指标见表2-10。

表 2-10　泡沫酸脱绒成套设备脱绒后种子质量指标　　　　　　%

项目	指标	项目	指标
种子发芽率	不低于加工前	光籽残酸率	≤0.15
光籽残绒率	≤1	含水率	≤12.0

(四)泡沫酸脱绒成套设备使用和维护

(1)定期对成套设备中各部分轴承加注润滑油脂及更换减速机内的机油。

(2)及时排出废绒收集仓中的废绒,防止废绒堵塞。

(3)每次向酸罐中注入浓硫酸时,要对酸液进行过滤,并应沉淀1h后再使用,避免在加工过程中堵塞酸泵或流量计。

(4)每个作业季节结束后,应关闭浓酸罐阀门,并将整个泡沫酸系统的所有管道、阀门、泵、发泡器等设备用清水充分清洗干净,重新装好。

应用案例

玉米果穗脱粒机的操作

玉米果穗脱粒机的操作一般应按以下步骤进行。

一、脱粒前准备

(一)原料种子

(1)果穗苞叶剥净率应符合以下要求:①机械收获时,剥净率应大于或等于85%。②人工收获时,剥净率应大于或等于90%。

(2)人工挑选出未成熟穗、病穗、生霉穗及杂穗。

(3)检验果穗水分,水分14.0%～22.0%时,可直接脱粒。水分大于22.0%时,应干燥后再脱粒。

(4)同一品种、同一产地、同一收获期水分差不大于2%的果穗存放在一起,同一批次脱粒。

(5)环境温度大于20℃、相对湿度大于85%时,果穗应在场地上摊开晾晒。

(二)脱粒设备

(1)脱粒机及附属设备应是符合相关标准的合格产品,生产率应相匹配。

(2)按脱粒机使用说明书要求安装固定脱粒机。调试上料设备的喂入量、脱粒机滚筒转数、凹板间隙、排芯口开度等脱粒工艺参数。调试后试运转 20～30 min 检查以下部位：①各连接件紧固件不应有松动现象。②运转平稳,无异常振动和噪声。③滚筒轴无轴向窜动,轴承温升不大于 40℃。

(三)场地

(1)脱粒场地应宽敞平整、交通方便,便于果穗存放及脱粒后玉米种子存放和运输。

(2)地表平整坚固,便于脱粒机安装调试及脱粒作业。

(四)人员

(1)按脱粒机使用说明书要求配备操作人员和辅助人员。

(2)操作人员及辅助人员应进行专业培训,熟练掌握玉米机械脱粒技术规范和脱粒机安全技术要求。

(3)脱粒作业应统一协调作业,人员应合理分工,各岗位分工人员应相对固定。

二、脱粒技术要求

(一)脱粒工艺流程

一般应按以下工艺流程进行脱粒作业：

$$喂入 \rightarrow 脱粒 \rightarrow 芯粒分离 \rightarrow 排出籽粒$$

1. 喂入工艺要求

喂入要求均匀连续,不间断、不架空、不堵塞,喂入量应符合脱粒机生产率,误差±5%。

2. 操作要求

(1)喂料斗应充满果穗。

(2)用喂料斗插板控制喂入量符合上述要求。

(3)喂料输送设备线速度应不大于 1.5 m/s。

(4)落料高度不大于 0.8 m。

(5)用喂入斗插板控制喂入口果穗流量与喂入量相当,喂料斗不积存果穗。

(二)脱粒工艺要求

(1)脱净率大于或等于 99%。

(2)破碎率不大于 1%。

(3)无飞溅损失。

(4)芯轴破碎率不大于 85%。

(三)脱粒操作要求

(1)滚筒转数调整范围：齿板式脱粒机为 340～500 r/min;钉齿式脱粒机为 700～780 r/min。

(2)凹板间隙调整范围：35～45 mm。

(3)不得有飞溅籽粒。

(四)芯粒分离工艺指标

(1)籽粒含杂率不大于 5%。

(2)夹带损失率不大于 1%。

(五)脱出物处理

(1)玉米芯轴和杂质应装袋或散装运出。

（2）脱粒后玉米种子不应在脱粒机周围堆积。

三、脱粒作业质量指标

脱粒作业质量指标见表2-11。

表 2-11　脱粒作业质量指标　　　　　　　　　　　　　　　%

项目	指标	项目	指标
脱净率	≥99	总损失率	≤4(有清选)
含杂率	≤3(有清选)		≤3(无清选)
	≤5(无清选)		

本章小结

玉米果穗种子脱粒是根据玉米籽粒与玉米芯轴的连接特点，以及玉米果穗种子形状特点，依靠脱粒部件对玉米果穗种子的打击或揉搓及玉米果穗种子相互之间、玉米果穗种子与凹板之间的揉搓作用使籽粒从芯轴上脱离的过程。种子脱粒机主要由喂入部分、脱粒滚筒、凹板、芯轴排出装置、传动部分等构成。

水稻种子除芒是利用除芒部件的旋转，使种子与除芒部件、种子颗粒之间相互都具有搓擦作用，去除水稻种子外稃的芒。种子除芒机主要由进料口、叶板、除芒室、传动部分、出料口等构成。

蔬菜种子刷清是通过摩擦和揉搓来清除种子表面的附属物或粘连物，从而达到刷清目的。种子刷清机主要由喂入部分、主轴调整部分、刷种部分、传动部分、出料部分、机架等构成。

甜菜种子磨光是通过挤擦作用被逐渐磨圆抛光的过程。种子磨光机主要由进料部分、螺旋输料器、磨光室、出料调整装置、主轴、除尘部分及传动部分等构成。

棉花种子脱绒是通过硫酸的作用使棉花种子表面残留的一层短绒炭化，干燥后通过摩擦的方法使短绒脱掉的加工方式。棉种脱绒加工应用较多的是过量式稀硫酸脱绒和泡沫酸脱绒。

思考题

1. 适宜玉米果穗种子脱粒的含水率（湿基）范围是多少？
2. 玉米果穗种子脱粒机的性能指标有哪些？
3. 简述玉米果穗种子机的性能指标及工作过程。
4. 简述水稻种子除芒机的性能指标及工作过程。
5. 简述蔬菜种子刷清机的性能指标及工作过程。
6. 简述甜菜种子磨光机的性能指标及工作过程。
7. 简述泡沫酸脱绒和稀硫酸脱绒成套设备的脱绒后种子质量指标及工作过程。

第三章　种子干燥

知识目标

◆ 理解种子的游离水、结合水、临界水分、安全水分、平衡水分、干燥介质、相对湿度、干基水分和湿基水分的含义。

◆ 了解种子干燥的技术指标，理解干燥介质的特性，掌握种子干燥原理。

◆ 理解种子干燥曲线特性，熟悉种子干燥过程，了解影响种子干燥的主要因素。

◆ 了解种子干燥机的种类和特点。

◆ 了解晾晒干燥机理和晾晒方法。

能力目标

◆ 能够了解固定床式干燥设备、批式循环干燥机、混流式干燥机三种种子干燥设备的特点、结构并掌握它们的干燥工艺。

◆ 掌握固定床式干燥设备、批式循环干燥机、混流式干燥机三种种子干燥设备的使用操作。

◆ 能够利用种子干燥机试验方法学会对批式干燥机、混流式种子干燥机进行检测。

种子干燥的目的就是降低种子水分。种子干燥实质就是通过干燥介质加热种子，使种子内部水分不断向表面扩散，表面水分不断蒸发的过程。降低种子水分可减缓种子呼吸强度，防止霉变和冻害，有效抑制害虫和微生物的生长繁殖，确保包衣、包装、贮藏和运输种子的安全。

第一节　种子水分

种子的游离水、结合水、临界水分和平衡水分特性是种子干燥的物理基础和理论依据。

一、游离水和结合水

种子中水分有两种存在状态即游离水（又称自由水）和结合水（又称束缚水）。

（一）游离水

游离水是指没有被种子中非水物质（主要是蛋白质、糖类和磷脂）结合,存在于毛细管组织和细胞间隙中的水。游离水具有溶剂功能,0℃以下结冰,容易从种子中蒸发出去,通过自然干燥晾晒或低温通风干燥即能除去这部分水。

（二）结合水

结合水是与种子中的非水物质结合在一起的水。根据其结合程度,存在状态和性质,结合水可分为物理结合水（又称机械结合水）、物理化学结合水和化学结合水。

1. 物理结合水

存在于种子表面和粗毛细管中,与种子中的干物质结合松弛,以液态存在,易蒸发。种子干燥主要除去这部分水。

2. 物理化学结合水

包括吸附水、渗透水和结构水。其中吸附水与种子中干物质结合牢固。种子水分较低时,主要是吸附水和微毛细管中的水,种子干燥要除去一部分物理化学结合水。

3. 化学结合水

是通过化学反应按一定比例渗透到干物质分子内部,与干物质结合牢固。要除去这部分水,会引起种子的物理和化学性质变化,丧失种子生命力。种子干燥不需要除去这部分水。

二、种子临界水分和安全水分

种子的生命活动必须在游离水分存在的状况下才能进行。当种子水分减少至不存在游离水时,种子中的酶首先是水解酶将成钝化状态,种子的新陈代谢会降至很微弱的程度。当游离水出现以后,酶就会由钝化状态转变为活化状态,这个转折点的水分称为临界水分。将种子水分干燥到临界水分以下,一般可安全贮藏,称为安全水分。主要粮食作物种子收获时水分和安全水分,见表3-1。

表 3-1　主要粮食作物种子收获时水分和安全水分　　　　　　　　　%

作物	收获时水分	最高水分	安全水分
水稻	25.0～27.0	30.0	13.0～14.0
小麦	18.0～20.0	28.0	13.0～14.0
玉米	28.0～32.0	35.0	13.0～14.0
大豆	16.0～20.0	22.0	13.0

三、种子平衡水分

种子具有吸附和解吸水蒸气的特性,称为吸湿性。种子水分随着吸附和解吸而变化,当吸附占优势时,种子水分增高;当解吸占优势时,种子水分降低。如果将种子存放在固定不变的温度、湿度条件下,经过一段时间后,种子水分就基本稳定不变,达到平衡状态,种子对水分的吸附和解吸,以相同的速度进行,散失的水分和吸收的水分数值相等,这时的种子水分称为该条件下的平衡水分。此时空气的相对湿度称为平衡相对湿度。种子干燥正是利用种子吸湿性和平衡水分这一特性达到干燥目的。主要粮食作物种子各种温度、湿度下的平衡水分,见表3-2。

表 3-2　主要粮食作物种子各种温度、湿度下的平衡水分　　　　　　　　　　%

作物	种子温度/℃	在以下空气相对湿度(%)下种子的平衡水分							
		20	30	40	50	60	70	80	90
水稻	30	7.1	8.5	10.0	10.9	11.9	13.1	14.7	17.1
	20	7.5	9.1	10.4	11.4	12.5	13.7	15.2	17.8
	10	7.9	9.5	10.7	11.8	12.9	14.1	16.0	18.4
小麦	30	7.5	8.9	10.3	11.6	12.5	14.1	16.3	20.0
	20	8.1	9.2	10.8	12.0	13.2	14.8	16.9	20.9
	10	8.3	9.7	10.9	12.0	13.2	14.6	16.4	20.5
玉米	30	7.9	9.0	11.3	11.2	12.4	14.0	15.9	18.3
	20	8.2	9.4	10.7	11.9	13.2	14.9	16.9	19.2
	10	8.8	10.0	11.1	12.3	13.5	15.4	17.2	19.6
大豆	30	5.0	5.7	6.4	7.2	8.9	10.6	14.5	20.2
	20	5.4	6.5	7.1	8.0	9.5	11.5	15.3	20.3
	10	7.2	8.7	9.9	11.3	12.4	14.8	17.3	20.2

四、种子水分表示方法

种子水分有湿基水分表示法和干基水分表示法。

1. 湿基水分表示法

湿基水分表示法是以种子质量为基准,用种子中的水分与种子的质量分数表示,按以下公式计算:

$$M = \frac{W}{G} \times 100\% = \frac{W}{W + G_g} \times 100\%$$

式中:M—种子湿基水分(%);

　W—种子水分质量,单位为克(g);

　G—种子质量,单位为克(g);

　G_g—种子干物质质量,单位为克(g)。

2. 干基水分表示法

干基水分表示法是以种子中的干物质为基准,用种子中水分与干物质的质量分数表示,按以下公式计算:

$$M_g = \frac{W}{G_g} \times 100\% = \frac{W}{G-W} \times 100\%$$

式中:M_g—种子干基水分(%)。

种子中不可能没有水分,显然干基水分永远大于湿基水分。实际应用时,若不特指是干基水分,都是湿基水分。干物质在干燥过程中数量不变,便于计算,热工计算时常用干基水分。干基水分和湿基水分按以下公式换算:

$$M = \frac{M_g}{1+M_g} \times 100\%$$

$$M_g = \frac{M}{1-M} \times 100\%$$

第二节　种子干燥原理

一、干燥介质特性

在种子干燥过程中,干燥介质将热量传递给种子,带走种子汽化出来的水分。干燥介质一般是指湿空气,湿空气的状态参数包括湿空气的压力、湿度、密度、比容、湿含量和热含量等。要掌握干燥介质的特性,必须研究湿空气的状态参数及变化规律。

（一）湿空气的压力

湿空气是干空气和水蒸气的混合气体,湿空气可看成是理想气体,按理想气体进行计算,它的压力等于干空气的压力和水蒸气的压力之和,按下式计算:

$$p = p_g + p_s$$

式中:p—湿空气压力,单位为帕(Pa);

p_g—干空气压力,单位为帕(Pa);

p_s—水蒸气压力,单位为帕(Pa)。

湿空气中容纳水蒸气的最大值称饱和湿空气,其水蒸气压力称饱和蒸气压。饱和蒸气压和温度有密切的关系,一定条件下的饱和蒸气压,当温度提高时,会变为未饱和蒸气压,饱和湿空气变为未饱和湿空气,种子干燥所用的湿空气显然是未饱和湿空气。

（二）湿空气的相对湿度

湿空气的绝对湿度是指每立方米湿空气中所含水蒸气的质量。

绝对湿度只能说明湿空气在某一条件下实际含水蒸气的质量,还不能直接说明湿空气的干湿程度,在种子干燥中经常使用相对湿度。

湿空气的相对湿度是每立方米湿空气中水蒸气的含量与同温度、同压力下,相同容积的饱和湿空气中水蒸气质量之比。按下式计算:

$$\varphi = \frac{\gamma_s}{\gamma_{sb}} \times 100\%$$

式中：φ—湿空气的相对湿度（%）；

　γ_s—每立方米湿空气所含水蒸气质量，单位为克（g）；

　γ_{sb}—相同温度、压力下每立方米饱和湿空气所含水蒸气质量，单位为克（g）。

相对湿度越低，表示空气越干燥，吸收水分的能力越强；相对湿度越高，表示空气越潮湿，吸收水分能力越弱。当相对湿度为 100% 时，湿空气达到饱和状态。一般习惯用湿度这个名词表示相对湿度。

相对湿度还可以用下式近似计算（误差不超过 2%）：

$$\varphi = \frac{\gamma_s}{\gamma_{sb}} \times 100\% = \frac{p_s}{p_{sb}} \times 100\%$$

式中：p_s—湿空气中水蒸气压力，单位为帕（Pa）；

　p_{sb}—相同温度下饱和水蒸气压力，单位为帕（Pa）。

（三）湿含量和热含量

在干燥过程中，无论干燥介质中的水蒸气质量如何变化，介质中的干空气质量并无变化。因此，常以干空气为基准来计算湿空气的湿含量。

湿含量是每千克干空气中含水蒸气的质量。按下式计算：

$$d = \frac{G_s}{G_g}$$

式中：d—湿含量，千克水蒸气每千克干空气（kg/kg）；

　G_s—水蒸气的质量，单位为千克（kg）；

　G_g—干空气的质量，单位为千克（kg）。

热含量（焓）是每千克干空气和它所容纳的水蒸气所共有的热量。用下式计算：

$$I = I_s + I_g$$

式中：I—热含量，千焦每千克（kJ/kg）；

　I_s—水蒸气的热含量，单位为千焦每千克（kJ/kg）；

　I_g—干空气的热含量，单位为千焦每千克（kJ/kg）。

（四）密度和比容

湿空气的密度是每立方米容积湿空气的质量。按下式计算：

$$\gamma = \frac{G}{V}$$

式中：γ—湿空气的密度，单位为千克每立方米（kg·m³）；

　G—湿空气的质量，单位为千克（kg）；

　V—湿空气的容积，单位为立方米（m³）。

湿空气的比容是每千克湿空气所占有的容积，可用湿空气的密度倒数表示。

$$v = \frac{V}{G}$$

式中：v—湿空气的比容，单位为立方米每千克（m³/kg）。

湿空气的密度和比容都与温度和水蒸气压力有关。

二、种子干燥过程

种子水分不仅以液态存在于种子内,还以气态存在于细胞间隙中。水分是通过蒸发作用从种子中排出的,因此水分只能以气态排出,种子内的液态水变成气态会产生蒸汽压,干燥介质中的水蒸气也有蒸汽压,干燥能否进行,关键取决于两个水蒸气的压力差。如果种子表面水蒸气压力高于干燥介质水蒸气压力,表面的水分就会蒸发并被干燥介质吸收带走,从而造成种子表面和内部的水分梯度,水分由内部向外表面扩散,扩散到表面的水分又不断蒸发被干燥介质吸收带走,如此进行下去,种子水分不断减少,直到两个水蒸气压力处于平衡状态,干燥过程结束。

种子水分蒸发需要吸收汽化潜热,种子干燥机通过干燥介质以对流方式提供热量。种子干燥过程实质上就是热和质的传递过程,即种子从干燥介质获取热量,使本身所含水分向外扩散和蒸发。

三、干燥特性曲线

在一定干燥条件下,种子温度和水分的变化与时间之间的关系,可用图线表示出来,这种图线称为干燥特性曲线。

种子干燥特性曲线与种子原始水分、粒径大小、结构、堆置方式、干燥介质温度、相对湿度和干燥速度等因素有关。这些对干燥过程起影响作用的综合因素,称为干燥条件。在恒定的干燥条件下,种子的干燥特性曲线见图 3-1,横坐标表示时间 t,纵坐标表示种子水分 W 和干燥过程中种子温度 T 变化。

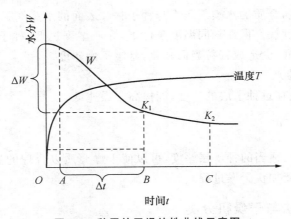

图 3-1　种子的干燥特性曲线示意图

从图 3-1 可看出,在时间 OA 段中,种子水分降低很慢。在时间 AB 段中,种子水分快速下降,该阶段内,干燥介质传递给种子的热量,全部用来蒸发水分,因此种子温度保持稳定不变,干燥曲线基本上是直线。在时间 BC 段中,干燥过程在很大程度上取决于种子内部水分转移表面蒸发的速度和水分与种子的结合形式。在 K_1 点以后,种子水分沿曲线 $K_1 \sim K_2$ 段逐渐降低,干燥速度下降,种子温度逐渐上升,曲线对横坐标的倾斜度随时间的延长而减小,当达到种子的平衡水分点 K_2 后,干燥速度变化很小。

四、影响干燥过程的主要因素

（一）种子组织结构和物理特性

（1）种子组织结构不同，对干燥过程有不同的影响。如水稻种子有木质化的稃壳包在籽粒表面，阻碍种子水分蒸发，对干燥过程有明显延缓作用；小麦种子皮层有大量的微孔和毛细管，内部水分容易转移到表面，水分蒸发快，对干燥过程有加速作用等。

（2）种子籽粒形状、大小影响干燥过程。小粒种子受热快，干燥过程快；长粒型种子堆（层）孔隙较大，籽粒之间湿热扩散容易，干燥过程快。

（二）干燥前种子水分

干燥前种子水分高低影响干燥过程。种子水分低时，干燥过程所降水分，大部分是微毛细管水和结合水，这部分水分转移和蒸发比较困难，因此干燥速度慢。种子水分大时，干燥过程所降水分多是游离水，容易蒸发，干燥速度快。

（三）干燥介质状态

1. 干燥介质温度

提高干燥介质温度，传递给种子的热量增加，能加快籽粒表面水分蒸发，同时籽粒内部水分转移速度也提高，干燥速度快。

2. 干燥介质湿度

降低干燥介质湿度，介质的水蒸气压力与种子籽粒表面的水蒸气压力差加大，能加速籽粒表面水分蒸发，干燥速度快。但在相同温度条件下，介质湿度过低，种子籽粒表面水分蒸发过快，内部水分转移速度慢，会造成籽粒表面硬化，延缓干燥速度。

3. 干燥介质流动速度

适度增加干燥介质穿过种子层的速度，能提高干燥速度。

（四）种子层厚度

在种子干燥设备中，适当的种子层厚度，可以使干燥介质以合理的流动速度穿过种子层，与种子籽粒充分接触，能加快干燥过程。

五、种子干燥方法与干燥机分类

（一）干燥方法

常用的干燥方法包括自然干燥、低温通风干燥和高温干燥。

1. 自然干燥

利用阳光、自然风等自然条件，以及人工辅助进行种子干燥，可使新收获的水分较高种子达到安全贮藏水分。常用的自然干燥方法是晾晒干燥。

2. 低温通风干燥

将新收获的种子贮放在设有通风系统的贮仓内，利用风机将常温空气或稍许加热的空气

（一般比常温空气温度增加 2～10℃）通入种子堆,与种子籽粒进行湿热交换,带走汽化水分,直至降到安全贮藏水分。

3. 高温干燥

高温干燥多使用干燥设备进行连续或分批作业。干燥介质(用于干燥的加热空气)温度较高(38℃以上),干燥速度快,是种子干燥常用的方法。

(二)种子干燥机分类

种子干燥机种类繁多,一般按以下方法分类。

(1)根据种子运行状态分为连续式和分批式干燥机。

(2)根据干燥介质相对于种子流动方向分为顺流式、逆流式、顺逆流式、横流式和混流式干燥机。

(3)根据种子在干燥时所处的状态分为固定床式、移动床式、流化床式干燥机等。

第三节　种子晾晒干燥

种子采用晾晒降水是我国劳动人民几千年的传统方法,所需工具简单,费用低廉,操作方便,有较好的降水、灭菌效果。通过晾晒干燥还能促进种子后熟,提高发芽率,不会产生焦糊粒和裂纹,能保证种子的干燥质量。

一、种子晾晒干燥原理

晾晒干燥是利用太阳光的辐射加热种子,在种子周围的空气之间形成温度和水蒸气压力差,使高水分种子的内部水分不断向种子表面扩散,蒸发到干燥的空气中,达到降低种子水分的目的。

二、晾晒方法

(一)选择晾晒场地

晒场对种子降水速度有较大影响,一般有水泥晒场、砖砌晒场和土晒场,由于建材性能不同,晒场的温度和含水量不同,晾晒效果有较大的差别。水泥晒场要比砖砌晒场和土晒场干燥效果好。

(二)选择适宜的天气和季节

晴朗、气温高、相对湿度低、有风的天气有利于种子降水,夏收种子晾晒时间 5—6 月,秋收种子晾晒时间为 10—11 月。库存的种子吸湿结露应及时晾晒。

(三)晾晒方法

晾晒方法直接影响种子降水效果。"晒种先晒场"、"薄摊勤翻"、"向阳起垄"、"顺风划沟"

是从实践经验中总结出的好方法。

1. 晒种先晒场

晒种前,应先将晒场晒热,避免上层种子和下层种子吸湿散湿不均,影响晾晒效果,一般上午 10 时左右开始晾晒较为适宜。

2. 薄摊勤翻

是为了增加种子与阳光、空气接触面积,提高降水速度。种层厚度宜薄不宜厚,谷类、油菜等小粒种子种层厚度不超过 5 cm;中粒种子如小麦、水稻不超过 10 cm;玉米、豆类种子不超过 15 cm,若水分大应更薄一些。勤翻有利于提高降水速度和水分均匀性,翻动次数根据气温高低而定。

3. 向阳起垄

若气温在 15℃ 以下,应向阳起垄,垄宽以每米 5 条为宜,不要多次翻动,以免种温散失。

4. 顺风划沟

若气温在 15℃ 以上,应顺风划沟,每天划沟 4～6 次。

三、种子晾晒注意事项

(1)控制降水幅度和晾晒温度,尽可能减少水稻种子爆腰、大豆种子裂皮。

(2)注意天气变化,准备好雨具,下雨时及时遮盖。

(3)适时入库,需要热进库种子应在下午 3 时之前趁热入库(如小麦种子)。其他种子应散热冷却后入库,种子温度不得低于当时的露点。

(4)次日仍需晾晒时,放在晒场过夜的种子夜晚需加盖保温,以防止结露。

第四节 固定床式干燥设备和玉米果穗干燥

固定床式干燥设备主要由若干个干燥室构成,多采用砖混结构,室内装有固定倾斜带孔的通风板(种床),称作固定床式干燥室。固定床式干燥室分单侧和双侧两种,多数为双侧固定床式干燥室,一般多用于干燥玉米果穗,又称玉米果穗干燥室。

一、双侧固定床式干燥设备

(一)双侧固定床式干燥设备结构

双侧固定床式种子干燥设备由热风室、干燥室、上料输送设备、排料输送机、电控温控设备等组成。其中上料输送设备由倾斜上料输送机、上料转运输送机、上料分料输送机等组成。干燥室由墙体、热风室、上下通风道、种床、进排料门、进排风门等组成,见图 3-2。

(二)双侧固定床式干燥设备干燥过程

种子经上料输送机、上料转运输送机、上料分料输送机装入干燥室。由热风炉加热的空气(干燥介质)经风机、热风室、风道进入双侧固定床式种子干燥室。

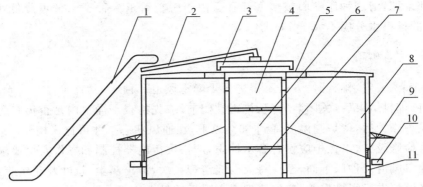

图 3-2　双侧固定床式干燥设备结构示意图

1. 倾斜上料输送机　2. 上料转运输送机　3. 上料分料输送机　4. 上通风道　5. 进料门　6. 热风室
7. 下通风道　8. 干燥室　9. 排料门　10. 排料输送机　11. 下排风门

从开始干燥到降至安全水分或规定水分结束,一个干燥周期中间,干燥介质应至少换一次方向,换向前称前半周期,换向后称后半周期。前半周期,干燥介质一般应从下向上通过双侧干燥室的种床,从上排风门(进料门)排出;后半周期,干燥介质从上向下通过已经半干的种床,然后从下排风门排出。干燥到安全水分或规定水分开始排料,重新装料,准备干燥第二批。

二、玉米果穗干燥

(一)玉米果穗干燥技术要求

1. 上料

(1)带式输送机的带速应不大于 1.5 m/s。

(2)果穗应经导流装置或缓冲装置滑落到种床,破碎率增值应不大于 1%。

(3)果穗装料允许人工辅助摊平种层,使料层上表面与种床筛面平行。

(4)不同水分果穗,装料高度不同。一般果穗水分在 30.0%～35.0% 时干燥室内堆放高度不大于 2.5 m;当水分为 20%～30% 时干燥室内堆放高度不大于 3 m。

2. 干燥工艺参数

不同水分果穗干燥工艺参数见表 3-3。

表 3-3　果穗干燥工艺参数

水分/%	换向前热风温度/℃	换向时水分/%	换向后热风温度/℃	风量/(m³/min)
>30.0～35.0	≤33	22.5～25.0	≤38	6～8
>25.0～30.0	≤35	20.0～22.5	≤40	6～8
22.0～25.0	≤38	18.5～20.0	≤43	6～8

3. 排料

玉米果穗要求排料均匀连续,果穗排出速度应保证脱粒机满负荷作业;允许人工辅助排料,排出全部果穗,清理种床筛面被堵塞筛孔。由于脱粒后玉米种子水分可降低1‰左右,所以玉米果穗的排料水分应不大于14.0%。

(二)安全注意事项

(1)玉米果穗装料、排料时,人员不得进入干燥室风道和种床下面。

(2)装料、排料结束后,关闭装料门、排料铁门前,应先检查干燥室内是否仍有人在工作。

(3)热风炉停炉后,待炉膛温度降到50℃以下,在通风状态下才可进入检修。

(4)临时检修设备,电控柜应设有警示标志,严格按用电器控制和操作安全要求执行。

(5)干燥室风道及种床下面,至少每周彻底清理一次,清出灰尘、苞叶及花丝等杂质。

(6)检修设备进行焊接作业,应先清理焊点附近的易燃物。

(7)干燥室发生火灾,应立即按以下措施处理:①实施紧急停机。②热风炉临时停炉。③打开发生火灾干燥室的排料口,排出被烧损的果穗。④找出着火原因,处理后方可重新作业。

(三)干燥成品质量及检验

(1)干燥成品质量指标应符合表3-4。

表 3-4　干燥成品质量指标　　　　　　　　　　　　　　　　%

项目	指标
水分	≤13.0
干燥不均匀度	≤1.0(降水幅度≤5%) ≤1.5(5%<降水幅度≤10%) ≤2.0(降水幅度>10%)
发芽率	不低于自然干燥

(2)干燥作业期间,每个批次都应检验干燥前后的果穗水分、发芽率。

(四)维护保养和故障排除

1. 维护与保养

(1)作业前应检查调整各输送机、进排料门、各风门满足作业状态。

(2)更换品种或作业结束后应清除干燥室内部残留的种子或杂质,避免混种。

(3)定期对各电机、风机及传动机构轴承、链轮、链条等部位进行检查,及时加注润滑油脂。

(4)对轴承、链条、三角带等易损件应定期检查并及时更换。

(5)定期对温度传感器、在线水分检测仪进行校准。

2. 故障分析及排除方法

常见故障分析及排除方法见表3-5。

表 3-5　常见故障分析及排除方法

序号	故障现象	产生原因	排除方法
1	干燥后种子水分不均匀度过大	原料种子水分差过大	水分差不大于 3% 的原料种子统一堆放,同一批次干燥
		干燥介质温度波动较大	检查温度控制系统
		种子摊放厚度不均	摊平种子厚度
2	生产率低	干燥介质温度低	提高干燥介质温度
		换热器列管内壁结垢过多	清理换热器内管壁
3	风机噪声大或振动大	风机地脚松动	紧固风机地脚
		风机叶轮轴承座松动	紧固风机叶轮轴承座
		风机叶轮偏置	调正风机叶轮
		轴承磨损	更换轴承

第五节　批式循环干燥机和水稻种子干燥

　　批式循环干燥机是每次按规定的装机容量进行循环干燥,直到降至安全水分后排出,再进行下一批的干燥设备。批式循环干燥机属于横流干燥机,因种子在干燥机内呈"柱状",故又称柱式干燥机。批式循环干燥机一般多适用于水稻和小麦种子的干燥,自动化程度高,干燥介质的温度、种子水分可随时检测控制,以保证种子干燥质量。

一、批式循环干燥机结构

　　批式循环干燥机为长方体结构,自上而下由储料(缓苏)段、干燥段、底座、提升机、电控装置、风机和供热装置等组成。

　　电控装置是干燥机的控制中心,它通过温度传感器和在线水分检测仪随时检测干燥机运行过程中的热风温度和种子水分,经过对采集数据的分析,再通过供热装置和机械传动、风机等执行部件或机构,来控制风机转速、供热温度及机械传动部分,完成进料、循环干燥和出料等动作。

　　在线水分自动检测是批式循环干燥机的主要配置,由检测传感器与操控显示器两部分组成,操控显示器安装在干燥机电控箱上。

二、批式循环干燥机干燥工艺和干燥过程

(一)干燥工艺

批式循环干燥机的干燥工艺可表示为:

$$[干燥 \rightarrow 缓苏] \cdot n \rightarrow 冷却$$

其中 n 为循环次数,取决于种子原始水分。

(二)干燥过程

种子通过提升机自上而下循环进入干燥机的储料(缓苏)段、干燥段,同时通过供热装置对干燥介质进行加热,在风机的作用下,加热后的干燥介质与干燥段内的种子层充分接触,使种子在干燥段得到加热,在干燥段中种子水分以水蒸气状态随干燥介质排出干燥机外。干燥后的种子再经提升机进入干燥机上部的缓苏段进行缓苏,然后进入干燥段再次干燥,如此往复直到种子达到安全水分,干燥机排出种子并自动停止,完成整个干燥过程,见图 3-3。

三、水稻种子干燥

(一)水稻种子干燥技术要求

使用批式循环干燥机时,水稻种子干燥技术要求如下:

(1)水稻种子允许受热温度、一次降水幅度及干燥速度见表 3-6。

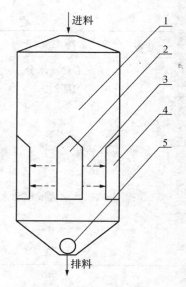

图 3-3　批式循环干燥机干燥过程示意图

1. 缓苏段　2. 进风角状管　3. 干燥介质　4. 排风角状管　5. 排料

表 3-6　水稻种子允许受热温度、一次降水幅度及干燥速度

项目	指标
允许受热温度/℃	≤38(常规水稻)
	≤35(杂交水稻)
一次降水幅度/%	≤3
干燥速度/(%/h)	≤0.5

(2)批式循环干燥机采用干燥→缓苏多次循环的干燥工艺,可降到安全水分或规定水分。环境温度接近 0℃时,批式循环干燥机第一次循环干燥宜采用 20~25℃热风进行预热。

(3)干燥常规水稻种子热风温度推荐值为 38~43℃;干燥杂交水稻种子热风温度推荐值为 35~40℃,但环境温度不大于 10℃,水稻种子水分大于或等于 20.0%时,宜使用下限温度。

(4)干燥水稻种子应冷却,出机的水稻种子温度要求不高于环境温度 5℃。当环境温度低于 0℃时,应在干燥机或贮存仓内存放 24 h 后再排出。

(二)安全操作技术要求

批式循环干燥机安全操作技术要求如下:

(1)干燥机运行时,操作人员应远离或减少介入安全标志所警示的危险区和危险部位;严禁拆装安全保护装置;严禁打开干燥机检修门。

(2)处理高空部位故障时应配备安全带及安全帽。

(3)应设专职人员操作管理电控装置,严格执行电气安全操作规程。

（4）按使用说明书要求定期停机，排空全部种子，清理机内及溜管内粉尘、茎秆等全部残存物。

（5）燃烧器需要有专人操作管理，液体、气体燃料要远离干燥机贮放。

（6）发现热风管道内有火花，应立即关闭热风机，检查并消除火花来源。

（7）发现干燥机排气中有烟或有烧焦的气味，应立刻采取如下措施：①干燥机实施紧急停机，关闭所有风机及进风闸门。②打开紧急排种机构，排出机内水稻种子及燃烧物。③清理机内燃烧物残余，分析事故原因，消除隐患后方可重新开机。

（三）干燥成品种子质量

干燥成品种子质量指标见表 3-7。干燥作业前都应检验干燥前水稻水分、发芽率。干燥作业后检验干燥后水稻水分、发芽率及破碎率增加值。

表 3-7　干燥成品种子质量指标　　　　　　　　　　　　　　　　%

项目	指标	项目	指标
水分	≤13.0（籼稻）	干燥不均匀度	≤1.5（降水幅度>5%）
	≤14.5（粳稻）	发芽率	不低于干燥前
干燥不均匀度	≤1.0（降水幅度≤5%）	破碎率增加值	≤0.3

注：长城以北和高寒地区的种子水分允许高于 13.0%，但不能高于 16.0%。

（四）维护保养和故障排除

1. 维护与保养

（1）作业前应检查调整链条、三角带张紧度。

（2）更换品种或作业结束后应清除干燥机内部及排料机构残留的种子，避免混种。

（3）定期对电机、风机及传动机构轴承、链轮、链条等部位进行检查，及时加注润滑油脂。

（4）对轴承、链条、三角带等易损件应定期检查并及时更换。

（5）定期对温度传感器、在线水分检测仪进行校准。

2. 故障分析及排除方法

常见故障分析及排除方法见表 3-8。

表 3-8　常见故障分析及排除方法

序号	故障现象	产生原因	排除方法
1	干燥后种子水分不均匀度过大	原料种子水分差过大	水分差不大于 3% 的原料种子统一堆放，同一批次干燥
		干燥介质温度波动较大	检查温度控制系统
		排种机构的排种间隙不均匀	调整排种间隙
		排种机构局部堵塞	停机清理排种机构

续表 3-8

序号	故障现象	产生原因	排除方法
2	干燥机生产率低	干燥介质温度低	提高干燥介质温度
		干燥介质流量过小	调整风机风门
3	干燥介质由储料段流失	储料段种子层过薄	提高下料位器高度
		干燥机下料位器过低	提高下料器高度
		喂入种子过少	加入种子
4	排种机构不排种	调速电机热保护启动	调速电机热保护复位
		排种机构链条拉断	连接或更换链条
		异物卡住排种机构	清理异物
		链轮轴键磨损	更换轴键
5	风机噪声大或振动大	风机叶轮轴承座松动	紧固风机叶轮轴承座
		轴承磨损	更换轴承

第六节　混流式干燥机和小麦种子干燥

　　混流式干燥机是连续式干燥机。种子自上而下流动,干燥介质以顺流、逆流和横流方式穿过种子层的干燥设备。混流式干燥机生产率高,积木式结构便于系列化生产,适于北方小麦、水稻、玉米种子干燥。

一、混流式干燥机结构

　　干燥机主体由储料段、干燥段、冷却段、排料段、进排风室组成。附属设备有热风炉、提升机、输送机等。主要干燥部件是装设在干燥段内的交错排列的进、排风角状管。

　　混流式干燥机由于内部角状管的形状、尺寸、排列方法、进风角状管与排风角状管的布置等不同,可分为若干类型。使用较多的三种类型为:一是进风道(室)在干燥机的中间;二是进风道在单侧;三是换向交替进风。无论哪种类型角状管都是交错排列,固定在干燥段的两壁上,一端封闭,另一端开口,开口在进风一侧的是进风角状管,开口在排风一侧是排风角状管。

二、混流式干燥机干燥过程

　　原料种子进入干燥机靠自重从上而下流动,干燥介质通过热风室进入干燥段各进风角状管,干燥介质在流向上下排风角状管过程中,以顺流、逆流、横流方式与自上而下流动的种子充分接触并加热,使种子中的水分汽化并由排风室排出。干燥段内装设多列进、排风角状管(图3-4),种子反复加热,使种子逐渐升温,缓慢连续降水。直到降至安全水分,经冷却段降温后由排料段排出。

三、混流式干燥机干燥工艺

1. 一次干燥

经过一次干燥过程使种子降到安全水分或规定水分。

2. 二次干燥

种子水分过高,一次干燥降不到安全水或规定水分时,先干燥一次后从干燥机排出,再装入干燥机进行第二次干燥到安全水分。一般水稻种子一次降水幅度应不大于 3%,小麦降水幅度应不大于 5%,玉米降水幅度应不大于 10%,降水幅度大于上述各值时,应采用二次干燥工艺。

3. 循环干燥

最初或最后一批湿种子在不能达到安全水或规定水分前,从干燥机排出后再返回干燥机进行干燥,直至达到安全水或规定水分。

四、小麦种子干燥

(一)干燥技术要求

(1)小麦种子允许受热温度、一次降水幅度及干燥速度见表3-9。

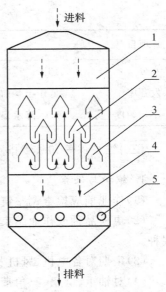

图 3-4 混流式干燥机 干燥过程示意图
1. 储料段 2. 进气角状盒
3. 排气角状盒 4. 冷却段
5. 排种段

表 3-9 小麦种子允许受热温度、一次降水幅度及干燥速度

项目	指标
允许受热温度/℃	≤40
一次降水幅度/%	≤5
干燥速度/(%/h)	≤0.8

(2)小麦种子一般干燥工艺采用预热→干燥→缓苏→冷却。混流式干燥机干燥工艺当降水幅度小于或等于 5%,采用干燥→冷却;降水幅度大于 5%,应采用二次或多次干燥工艺,机外缓苏,最后一次干燥结束进行冷却。可预热的连续式干燥机,宜采用 20~25℃热风预热0.5 h。

(3)干燥小麦种子热风温度推荐值为 38~43℃(环境温度不大于 10℃,小麦种子水分大于或等于 20% 时,宜使用下限温度)。

(二)干燥成品种子质量指标

干燥成品种子质量指标应符合表 3-10 规定。干燥作业前都应检验干燥前小麦水分及发芽率;干燥作业后检验干燥后小麦水分、发芽率及破碎率增加值。

表 3-10　干燥成品种子质量指标　　　　　　　　　　　　　　　　　%

项目	指标	项目	指标
水分	≤13.0	不均匀度	≤1.5(5%<降水幅度≤10%)
发芽率	不低于干燥前		≤2.0(降水幅度>10%)
不均匀度	≤1.0(降水幅度≤5%)	破碎率增加值	≤0.3

(三)维护保养和故障排除

1. 维护与保养

(1)作业前应检查调整链条、三角带松紧度。

(2)更换品种或作业结束后应检查并清除干燥机内部及排料机构残留的种子或杂质,避免混种。

(3)定期对各电机、风机及传动机构轴承、链轮、链条等部位进行检查,及时加注润滑油脂。

(4)对轴承、链条、三角带等易损件应定期检查并及时更换。

(5)定期对温度传感器进行校准。

2. 故障分析及排除方法

常见故障分析及排除方法见表 3-11。

表 3-11　常见故障分析及排除方法

序号	故障现象	产生原因	排除方法
1	干燥后种子水分不均匀度过大	原料种子水分差过大	水分差不大于3%的原料种子统一堆放,同一批次干燥
		干燥介质温度波动较大	检查温度控制系统
		排种机构的排种间隙不均匀	调整排种间隙
		排种机构局部堵塞	停机清理排种机构
2	干燥机生产率低	干燥介质温度低	提高干燥介质温度
		换热器列管内壁结垢过多	清理换热器内管壁
		干燥介质流量过小	调整主风机风门
3	干燥介质由储料段流失	储料段种子层过薄	提高下料位器高度
		干燥机下料位器过低	提高下料器高度
		种子上料过慢	调整上料速度
		种子排料过快	调整排料速度

续表 3-11

序号	故障现象	产生原因	排除方法
4	排种机构不排种	调速电机过热	调速电机热保护复位
		排种机构链条拉断	连接或更换链条
		异物卡住排种机构	清理异物
		链轮轴键磨损	更换新轴键
5	角状盒外端漏种子或百叶窗向外漏种子	风量过大,风速过快	调整主风机风门
		干燥机内缺种子	装满种子
6	风机噪声大或振动大	风机地脚松动	紧固风机地脚
		风机叶轮轴承座松动	紧固风机叶轮轴承座
		风机叶轮偏置	调正风机叶轮
		轴承磨损	更换轴承

第七节 种子干燥机热源

种子干燥机热源是种子干燥机重要的组成部分,干燥机热源的燃料种类主要有燃煤、燃油、燃气等,南方小型干燥机还有使用木柴等作为燃料的。固定床式干燥设备和混流式干燥机等多数种子干燥机热源都是燃煤热风炉,由燃烧炉和换热器两部分组成。链条炉排燃烧炉和列管式换热器应用较多。

一、链条炉排燃烧炉

(一)链条炉排燃烧炉结构

链条炉排燃烧炉(以下简称链条炉)是最早采用层燃式自动燃烧炉,由链条炉排(包括传动机构)、上煤斗、炉膛、供风系统(鼓风机)和自动出渣机等组成,见图3-5。

(二)链条炉工作过程

上煤斗的煤(通常使用上煤机装入)靠自重滑落在炉排上,煤斗内侧的煤闸板上下可调,用来控制落在炉排上的煤层厚度。煤层随炉排的运动进入炉膛,在前拱下被预热引燃,鼓风机通过风道进风助燃,燃烧的煤层通过中拱进入后拱(也叫压火拱,可以控制整个炉膛的温度,并促使烟气中的煤粉尽可能充分地燃烧,提高热效率)。随着炉排运动,燃尽后的煤渣从炉排后端落入渣坑,被自动出渣机排出炉外。

二、列管式换热器

换热器是热风炉的核心,是实现两种不同温度气体(烟气和冷空气)相互热交换的装置。

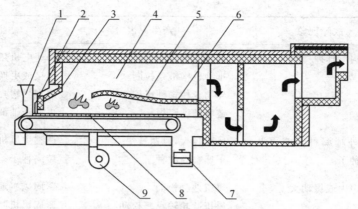

图 3-5　链条炉排燃烧炉结构及工作过程

1. 上煤斗　2. 煤闸板　3. 前拱　4. 炉膛　5. 中拱　6. 后拱　7. 自动出渣机　8. 链条炉排　9. 鼓风机

常用的换热器是列管式换热器。

（一）列管式换热器的结构

列管式换热器（以下简称换热器）的核心部件是传热管，多根传热管组合在一起形成传热管束，把这些传热管束焊接在管壳两端的管板上就组合成一节（组）换热器。一般用隔流板将管束分为三节，为防止管束和壳体受热温度不同产生变形不均，在壳体中间加有弹性膨胀节。换热器结构见图 3-6。

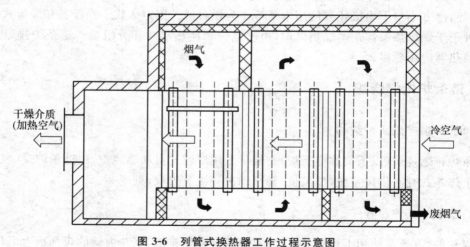

图 3-6　列管式换热器工作过程示意图

（二）换热器工作过程

在引风机作用下，高温烟气由烟气入口先进入末节管束，在隔流板作用下进行第一次折流，经过中节管束；再经隔流板进行第二次折流，最后进入首节管束，烟气温度逐渐降低经烟气出口排出。烟气进入传热管内，与管外冷空气进行充分换热。此时冷空气已经升温为热空气即干燥介质，经热空气出口和管道供给干燥机，见图 3-6。

三、JLG系列链条炉排热风炉

（一）JLG系列链条炉排热风炉的结构和工作过程

JLG系列链条炉排热风炉（以下简称JLG系列热风炉）由链条炉和换热器组成。煤加入链条炉，空气从炉排下进入助燃，煤在炉排上燃烧。产生的高温烟气经沉降净化后进入换热器与冷空气进行热交换。产生的热空气（干燥介质）输入干燥机，降温后的烟气经烟囱排入大气。

（二）JLG系列热风炉主要技术参数

JLG系列热风炉主要技术参数见表3-12。

表3-12　JLG系列热风炉主要技术参数

型号	供热量 /(10^4 kcal/h)	炉排面积 /m^2	换热面积 /m^2	燃煤量 /(kg/h)	电机功率 /kW	占地面积 /(m×m)	热效率 /%
JLG-1	60	1.4	70	107	10	13×16	70~75
JLG-2	120	3.0	135	214	13	13×16	70~75
JLG-3	180	3.6	205	312	23	13×16	70~75
JLG-4	240	4.6	260	429	27	14.6×18.5	70~75
JLG-5	300	6.2	340	537	33	14.6×18.5	70~75
JLG-6	360	7.6	490	643	41	16×20	70~75
JLG-8	480	9.3	640	857	55	16×20	70~75
JLG-10	600	11.2	800	1 070	74	20×25	70~75
JLG-12	720	15.0	980	1 286	74	20×25	70~75
JLG-14	840	17.0	1 220	1 500	81	22×26	70~75
JLG-16	960	18.1	1 600	1 751	101	22×26	70~75

四、JLG系列热风炉使用和维护

（一）一般技术要求

1. 热风炉

（1）热风炉由链条炉排燃烧炉和列管式换热器组成，通常配备上煤机。

（2）热功率（供热量）应符合干燥机供热要求。

（3）热效率大于或等于70%。

（4）烟尘排放符合大气污染物排放标准。

2. 燃料

（1）采用低位发热值21~25 MJ/kg烟煤。

(2)煤块的最大尺寸不超过 40 mm,小于 3 mm 煤块的质量分数不大于 30%。

3. 冷空气

应是清洁的常温自然空气。

4. 人员

(1)按热风炉使用说明书要求配备操作人员和辅助人员。

(2)操作人员应经过岗位培训,掌握燃煤热风炉操作技术规程。

(二)使用前检查

热风炉使用前,操作人员应对热风炉及附属设备进行以下项目检查:

(1)炉排片应与链轮啮合良好,链轮轴应转动平稳,炉排片上的通风孔应全部通畅。

(2)炉排片长销轴两端面与炉体侧板应无摩擦,炉排片和长销轴应无损坏和碰弯现象。

(3)安装时遗留在炉排上的螺栓、铁钉、焊条头等金属杂物应清理干净。

(4)点火门开关应灵活,下沿与炉排上表面保持平行。

(5)沉降室、换热器的清灰门应关闭或砌死。

(6)所有电机调速器(箱)和轴承油杯应加注润滑油(脂)。

(7)鼓风机、引风机、上煤机和自动出渣机等空载运转应正常。

(三)操作技术要求

1. 烘炉

(1)在热风炉开机前应在专业人员指导下对新砌筑的热风炉进行烘炉。

(2)烘炉时应先用木柴小火烘 48 h。然后逐渐加煤,间断开启鼓风机和引风机,炉膛不可骤然升温。用测温仪表测定沉降室后烟道上的温度,其值不得超过 300℃。

(3)当沉降室上的出气孔不再冒蒸汽并且气孔周围没有潮湿的痕迹时,可结束烘炉。烘炉时间一般为 5~7 d。

2. 生火与调整

(1)生火操作顺序　引燃木柴→人工送煤→上煤斗装煤→煤闸板调节→炉排间断送煤→机械上煤。

(2)调整　调整引风机风门,增强自然通风。当引燃物燃烧后,开启鼓风机。

将火苗适当拨至前拱下面,加热前拱。当煤层连续燃烧后,调整鼓风机、引风机风量,使燃烧渐趋正常。

3. 开机管理

(1)开机和停机顺序　开机时先开出渣机,后开炉排电机。先开引风机电机,再开鼓风机电机。停机时与开机顺序相反。

(2)保持炉膛内正常工况　火床平整,没有冷风火口。火焰密集,呈橘黄色,排出的烟气呈淡灰色。炉膛内应保持轻微负压,不可正压燃烧。煤层应在距炉排尾部 0.3~0.5 m 的位置燃烧完毕。通过调整烟气入口风门开度控制进入换热器内的烟气温度不超过 750℃。

(3)调整热负荷　需要热负荷增加时,增加引风量和鼓风量,适当增加炉排速度或增加煤层厚度。需要热负荷减少时,减少引风量和鼓风量,适当减慢炉排速度或降低煤层厚度。

(4)调整炉排速度与燃煤层厚度　炉排速度应控制在 2~14 m/h。一般烟煤应采用薄煤层快速燃烧。雨天因煤中水分过多,应采用厚煤层慢速燃烧。只有在热风炉负荷变动较大或改换煤种时,煤层厚度才相应改变,调整后不宜频繁改动。

4. 停炉

(1)故障停炉

①故障停炉时,关闭鼓风机和炉排电机,打开热风炉上的所有炉门、风门和闸门。加煤压火,保持引风机工作以降低炉膛和换热器温度,待炉子自然或强制冷却后排除故障。

②由于临时停电造成机械设备不能运转时,应立即打开换热器冷风门,进行自然通风。

(2)长期停炉

①停炉时应提前20~30 min停止供煤,将炉排速度减到最低,放掉煤斗中的煤。

②当炉排上的煤进入离煤闸板200~300 mm处时,炉排停止转动,将煤闸板放下。

③关闭鼓风机,待炉排上的煤基本燃尽后停止引风。

④停炉时热风机应继续运行,直至换热器内烟气温度降至300℃以下才能停止。

(四)常见故障处理措施

(1)发生断火现象时,应将火苗拨至未燃烧的煤层上,或向炉膛内投入木柴。断火严重时,应停止炉排运行,待煤正常燃烧后再启动炉排。

(2)发生结焦妨碍通风时,应及时打碎或清理焦块,使煤渣顺利进入自动出渣机或从炉门口清除。如果结焦严重,应调换煤种。

(3)发现煤层不均匀时,应耙平煤层,消除火口,保持火床平整。

炉排常见故障分析及排除方法见表3-13。

表3-13 炉排常见故障分析及排除方法

序号	故障部位	产生原因	排除方法
1	炉排跑偏	炉排两边调节杆螺母松紧不一致	调整螺母松紧程度
2	炉排卡住	炉排在链轮处拱起	调整炉排松紧程度
		炉膛结焦炉排运行阻力增加	清理炉膛
3	炉排拱起	炉排过紧	调整炉排两边调节杆螺母松紧程度

(五)维护

(1)及时清理上煤斗,每个工作班次不少于3次。

(2)每半个月清理1次沉降室和换热器下部灰尘。

(3)每个干燥期应逐根清理换热器管内积灰不少于2次,以保证换热器的换热效率。

(4)清理结束后,所有清灰门应关闭或砌死,不能有跑风或漏风现象。

(5)热风炉运行1~2年后,应按生产厂家使用说明书进行检查维修,更换已磨损部件。

(6)按厂家使用说明书要求及时润滑热风炉的各转动部件。

第八节　种子干燥机试验方法

对设备进行试验、测定、检查的方法统称为试验方法。种子干燥机试验方法就是测定种子干燥机是否符合规定要求的方法。试验中要对测试的条件、设施、方法、顺序、步骤以及抽样和对结果进行数据的统计处理等进行统一规定。

试验方法不但是对设备性能的测试做出规定，而且对设备的使用与操作提出要求，对设备的实际应用有着指导作用。连续式混流种子干燥机(以下简称混流式干燥机)和批式循环种子干燥机(以下简称批式干燥机)按以下试验方法进行操作。

一、性能试验

(一)试验要求

(1)混流式干燥机在稳定状态作业时，出机种子质量、温度、水分以及排出气体的温度、湿度均保持稳定。应在稳定状态下测定混流式干燥机性能指标。

(2)批式干燥机需经一个干燥周期才能排出种子，当环境条件和干燥条件保持稳定时，每个干燥周期测定的性能指标基本一致。任一个干燥周期测定的性能指标，均能代表批式干燥机性能。性能试验不要求测定多次。

(二)试验条件

(1)试验用干燥机应是经检验的合格产品。

(2)环境温度、湿度及大气压力应符合试验用干燥机对环境条件要求。

(3)试验用煤低位发热量 21～25 MJ/kg。其他燃料应符合热风炉或燃烧器使用燃料标准要求，并提供准确的低位发热量(值)。

(4)根据试验用干燥机容料量、试验次数及每次试验时间准备足够的种子，并应符合以下要求：①种子水分应符合干燥机降水幅度要求。②水稻、小麦水分不均匀度应不大于 2%；玉米降水幅度小于或等于 10%，水分不均匀度应不大于 2%；玉米降水幅度大于 10%，水分不均匀度应不大于 3%。③含杂率应不大于 2%。④发芽率应大于 85%。

(5)试验用仪器、仪表应检验合格，并在检验有效期内。

(三)试验准备

1. 传感器设置

(1)测定干燥段热风温度。温度传感器应安装在热风室靠近种子层的热风进口处，分上、中、下 3 个位置，每处并排安装 2 个。

(2)测定冷却段冷风温度。只需一个温度传感器安装在靠近种子层冷风进口处。

(3)测定排气温度、湿度。温度传感器和湿度传感器应安装在排气室靠近种子层排气出口处，分上、中、下 3 个位置，每处安装一个温度传感器和一个湿度传感器。

(4)测定进、出机种子温度。温度传感器应分别安装在贮种段上端及排种段下端。

(5)测定干燥机内种子温度。温度传感器应安装在种温最高的干燥段内种温最高处。

(6)测定环境温度、湿度及大气压力。传感器或仪表应安装在完全不受干燥机影响的位置。

2. 混流式干燥机调试

(1)启动进种装置,向干燥机内装入准备好的高水分种子,直至贮种段上料位开关起作用停止,并记录干燥机容料量。

(2)按干燥机使用说明书要求,顺序启动干燥机,使干燥机进入连续工作状态。

(3)定时检测或用计算机控制自动采集进出机种子湿度、温度,干燥段种子温度、热风温度、排气温度,湿度及冷却风温。

(4)调整热风温度、风量及排种速度,使出机种子达到安全水分或规定水分,干燥机进入稳定状态,并锁定各项操作工艺参数。

(5)稳定状态作业一个干燥周期,可进入测试程序。

3. 批式干燥机调试

(1)启动进种装置,将干燥机装满高水分种子,并记录容料量。

(2)按使用说明书要求,设定热风温度上、下限值及超温报警值,设定出机种子水分及种温报警值。

(3)顺序启动干燥机作业一个干燥周期,可进入测试程序。

(四)取样

1. 进机种子取样

在干燥机进种口接取,不少于 9 次,在试验期间等间隔进行,每次样品质量应满足进机种子样品处理要求。

2. 出机种子取样

在干燥机排种口接取,不少于 9 次,在试验期间等间隔进行,每次样品质量应满足出机种子样品处理要求。

3. 干燥不均匀度取样

(1)混流式干燥机在排种段中间层选取可能产生干燥不均匀度的 5 个位置取样,不少于 2 次,在试验期间等间隔进行,每次样品质量应满足样品处理要求。

(2)批式干燥机在排种口接取,不少于 3 次,在试验期间等间隔进行,或用出机种子样品,每次样品质量应满足样品处理要求。

(五)样品处理

1. 进机种子样品处理

将两种干燥机进机种子样品分别制成混合样品,从中分离出种子水分送验样品和发芽率送验样品。测定计算出进机种子水分和出进机种子发芽率。

2. 出机种子样品处理

将两种干燥机出机种子样品分别配制混合样品,从中分离出种子水分送验样品和发芽率送验样品。测定计算出出机种子水分和出机种子发芽率。

3. 干燥不均匀度样品处理

(1)分别测定出 5 个不同位置样品的水分,并计算出最大差值。

(2)分别测定出批示循环干燥机 3 次样品的水分,并计算出最大差值。

(六)测试程序

1. 连续式种子干燥机测试程序

(1)完成连续式种子干燥机调试准备之后,即可测试。记录开始时间。

(2)开始计量燃料消耗量和耗电量。

(3)开始人工或自动计量进机种子或出机种子质量。

(4)按上述取样规定取样。

(5)测定供热风机和冷却风机实际工况下风压和风量。

(6)定时检测记录(不少于 5 次)或计算机控制自动采集进机种子温度、出机种子温度、干燥段种温、干燥段热风温度、排气温度和湿度以及冷却风温。

(7)定时检测记录(不少于 5 次)或计算机控制自动采集环境温度,湿度及大气压力。

(8)测试结束。记录结束时间,记录整理燃料消耗量及耗电量,并计算出每小时燃料消耗量。

2. 批式干燥测试程序(可按干燥机操作程序进行)

(1)启动进种程序

①测试开始,开始向干燥机内装入高水分种子,记录开始时间。

②开始计量耗电量。

③开始人工或自动计量进机种子质量。

④按进机种子取样规定抽取样品。

⑤定时检测记录(至少 5 次)或自动检测记录进机种子温度。

⑥直至装满干燥机,记录结束时间。

(2)启动循环干燥作业程序

①进种结束,即开始干燥作业,记录开始时间。

②开始计量燃料消耗量。

③定时检测记录(至少 5 次)或自动检测记录干燥段种温、热风温度、排气温度及湿度。

④定时检测记录(至少 5 次)或自动检测记录环境温度、湿度及大气压力。

⑤直至降到设定水分,记录终了时间。记录整理燃料消耗量,并计算出每小时燃料消耗量。

(3)启动冷却、排种程序

①循环干燥作业结束,即开始冷却、排种,记录开始时间。

②开始人工或自动计量出机种子质量。

③按出机种子取样规定抽取样品。

④定时检测记录(至少 5 次)或自动检测记录出机种子温度和冷却风温。

⑤直至排空干燥机内种子,记录结束时间,记录整理测试时间及耗电量。

需要重复测试时,混流式干燥机和批式干燥机分别按上述程序进行重复测试。

(七)性能试验结果计算

(1)降水幅度　按下式计算：

$$\Delta M = M_1 - M_2$$

式中：ΔM—降水幅度,用质量分数表示(%)；

　　M_1—进机种子水分,用质量分数表示(%)；

　　M_2—出机种子水分,用质量分数表示(%)。

(2)干燥能力　按下式计算：

$$P_1 = \frac{G_1 \cdot \Delta M}{T}$$

式中：P_1—干燥能力,单位为吨每小时(t/h)；

　　G_1—进机高水分种子质量,单位为吨(t)；

　　T—干燥时间,单位为小时(h)。

(3)生产率　按下式计算：

$$P_2 = \frac{G_2}{T}$$

式中：P_2—生产率,单位为吨每小时(t/h)；

　　G_2—出机种子质量,单位为吨(t)。

(4)每小时水分蒸发量　按下式计算：

$$W = \frac{1\,000 P_1 \cdot \Delta M}{100 - M_1}$$

式中：W—每小时水分蒸发量,单位为千克每小时(kg/h)。

(5)单位耗热量　按下式计算：

$$Q = \frac{F \cdot H}{W}$$

式中：Q—单位耗热量,单位为千焦每千克(kJ/kg)；

　　F—每小时燃料消耗量,单位为千克每小时(kg/h)；

　　H—燃料低位发热量(值),单位为千焦每千克(kJ/kg)。

二、生产试验

(一)试验要求

(1)混流式干燥机试验时间不少于 3 个工作日(1 个工作日一般为 20 h),批式干燥机不少于 3 个工作日。

(2)标定干燥多种种子的干燥机应试验 2 种以上种子。

(3)生产试验期间,应进行 3 次性能查定,查定方法同性能试验。

(二)试验内容

(1)在生产试验期间,准确测定每工作日进机种子质量、进机种子水分、出机种子水分、燃料消耗量、耗电量及人工费。

(2)准确记录每工作日干燥机作业时间、故障时间及故障原因。

(3)考核记录干燥机安全状况及使用调整方便情况。

(三)技术经济指标计算

(1)日处理量　按下式计算:

$$P_r = \frac{\sum G_r}{N}$$

式中:P_r—日处理量,单位为吨每日(t/d);

　　G_r—每工作日进机种子质量,单位为吨(t);

　　N—实际工作日数,单位为日(d)。

(2)使用有效度(设备能工作时间对能工作时间与不能工作时间的比值)　按下式计算:

$$K = \frac{\sum T_z}{\sum T_z + \sum T_g)} \times 100\%$$

式中:K—使用有效度(%);

　　T_z—每工作日作业时间,单位为小时(h);

　　T_g—每工作日故障停机时间,单位为小时(h)。

(3)干燥作业直接费用　按下式计算:

$$S = \frac{\sum (S_r + S_d + S_g)}{\sum G_r}$$

式中:S—干燥每吨种子直接费用,单位为元每吨(元/t);

　　S_r—每工作日燃料费(元);

　　S_d—每工作日电费(元);

　　S_g—每工作日人工费(元)。

三、试验报告

试验报告应包括以下内容:

(1)试验目的、时间、地点及相关说明;

(2)试验用干燥机简介;

(3)试验条件及作业状态;

(4)试验结果及分析;

(5)试验结论;

(6)应附的数据表、图;

(7)主持试验单位及参加人员。

应用案例

批式循环干燥机的操作

批式循环种子干燥机具有使用性能良好、工作可靠、自动化程度高，干燥的种子品质好等特点。主要由供热系统、干燥系统、送风系统、输送系统等部分组成，是一种低温循环式干燥设备。受到用户的欢迎，市场前景看好。主要厂家有苏州山本、上海三久、无锡金子等。下面以三久 NEW PRO-60H 为例，介绍批式循环干燥机的操作方法。

一、试运转

安装后或在每季作业之前应进行试运转，试动转前应检查电源插座、电线是否完好，油箱是否清洁，燃料品质是否完好，排风管、排尘风管及有关安全盖子是否达到要求。

(1) 运动部件试运转操作 打开"总电源"，电源指示灯亮，把干燥定时开关转到某一定时位置或"连续"位置，按"入谷"按钮，则电机回转，确认电机是否运转及转动方向，确认、检查提升机上、下部螺旋送料器、排风机、排尘机等是否有异常杂音。如提升机有"喀嗒喀嗒"声，说明平皮带较松，应调整，检查完毕后，按"停止"钮。

(2) 燃烧机的点火试运转操作 将温度设定钮设在 40℃ 左右时，按下"干燥"按钮，此时，热风马达会转动，并显示热风温度，燃烧机在 2～3 s 点着火之后，过一会儿，燃烧机火焰会以大火→小火→熄火的动作，重复点火燃烧（火点不着时，等待 30s 后按下"再点火"按钮、再按"干燥"按钮）。检查完毕后，按"停止"钮。

二、干燥作业

1. "入谷"作业

打开"总电源"，电源灯亮，拉下排出"闭"拉绳，设定定时开关，按下"入谷"按钮，此时，机器处于入谷状态，打开大漏斗，种子由大漏斗进入干燥机，当达到满量时，满量检知器会发出蜂鸣声，应立即按下"停止"按钮，切断"总电源"，并关闭入料斗。

2. 干燥作业

当燃烧加温接近某一设定温度时，会重复大火→小火→熄火的燃烧过程。自动保持种子湿度在设定温度左右。全自动电脑水分测定计可随时测定当前的平均水分值，当干燥达到水分设定值时，则会自动停机。因此，操作非常方便，方法如下：

打开"总电源"，打开油箱开关，设定定时开关，对照热风温度表设定热风温度开关，按下"干燥"钮，即可干燥作业，干燥结束后，切断电源。

水分测定操作：首先根据种子类型，把电脑水分计里的种子选择钮旋转到对应的位置。然后把电脑水分计的水分设定钮设定在想要达到的水分位置上。

在干燥作业中，我们对稻种、过熟收割的稻种、未熟谷（青粒谷）多的稻种，采用了不同于常规的干燥方式。因为若采用通常干燥，可能会损伤种子的质量。

① 过熟或易发生胴裂的种子干燥，针对谷物容易发生爆腰现象，我们将热风温度设定钮比对照热风温度表低 3～4℃，慢慢干燥。

② 水分较大的种子，为防止过度干燥，将电脑水分计的停止水分设定值提高 0.5％。

③为预防发芽率降低,确保优质种子,干燥初期用 40℃以下干燥,水分到达约 20％以下时,用 10～13℃的热风温度干燥。

3. 排出作业

在排出种子之前,必须用水分测定计再次确认种子含水率。对符合含水要求的,将之排出机外。打开"总电源",电源灯亮,定时开关转到"连续"位置,按下"排出"钮,则开始排出运转,此时拉下排出"开"拉绳,排出种子,排出后,按下"停止"钮,拉下排出"闭"拉绳,最后切掉"总电源"。电源灯熄灭,即可进行下一次工作循环。

三、注意事项

(1)湿种子如果混有大量杂质,则影响种子的流动,会引起堵塞或干燥不均匀,因此在干燥前需用初清机分选一下。

(2)干燥水分较高的种子应采用循环干燥,即一面入料一面干燥。

(3)因收获季节不同,外界温度差距较大,热风温度要依外界气温、入种量等变化而设定。为不影响种子品质,要参考热风温度表干燥种子。

(4)到达满量时,蜂鸣器会发出声音,但不会自动停止入料。入料过多是造成机器故障的重要原因之一。

(5)到达满量时,仍尚有两三袋少量的种子不能入料时,可开始干燥后到 1 h 以内再入料,1 h 内入料不会造成干燥不均。

(6)在电脑水分计的操作面板上,电脑水分计的自动测定开关要先切到"停止",再切入"自动"位置。没有此动作,燃烧机不会自动点火,水分计也不会自动测量。

(7)在下雨等湿度高的天气下,可用比通常稍高 2～3℃的温度干燥。

(8)干燥机不使用时,应及时清扫,取出残留谷物;关好所有进、出口,防止鸟、鼠、虫等进入机内。

(9)排风管必须完全展开拉直,清扫圆形扫除口内草籽等杂物,否则会影响通风效果,引起不能正常点火燃烧。

本章小结

本章介绍了种子水分、干燥介质的特性、种子干燥机理、干燥曲线以及种子干燥过程。重点阐述了固定床式干燥设备和玉米果穗干燥、批式循环干燥机和水稻种子干燥、混流式干燥机和小麦种子干燥三种种子干燥机械的干燥工艺及操作规程。详细论述了批式干燥机、混流式种子干燥机试验方法以及干燥机热源(燃煤热风炉)的设备构成和工作过程。

思考题

1. 简述安全水分、平衡水分、干燥介质、相对湿度、种子湿基水分的含义。
2. 绘出种子干燥曲线并简述种子干燥过程。
3. 简述影响干燥过程的主要因素。
4. 种子晾晒干燥的注意事项有哪些?
5. 写出批式循环干燥机的干燥工艺。
6. 计算出湿基水分 13.0％玉米种子的干基水分。
7. 简述链条炉排燃烧炉的工作过程。

第四章　种子清选

知识目标

◆ 了解杂质定义、分类、清除原理方法及设备,掌握清选除杂率(或净度)指标要求。

◆ 了解种子风选和筛选的清选原理,掌握筛孔形状、尺寸的选择方法。

◆ 掌握风筛选(基本清选)、重力(相对密度)分选、长度分选、形状分选、色选的清选原理。

能力目标

◆ 了解垂直气流清选机、圆筒初清筛、重力式清选机、重力式去石机和谷糙分离机的性能指标、结构和工作过程,并学会它们的使用和维护方法。

◆ 熟悉风选机、筛选机、风筛式清选机、重力式分选机、窝眼筒分选机、带式分选机以及色选机的性能指标、结构和工作过程,并学会它们的使用和维护方法。

◆ 学会利用种子清选机试验方法对各类种子清选机进行操作和检测。

第一节　杂质

种子清选是种子加工第一道工序,也是必备工序。种子清选的目的就是清除混入种子中的杂质,选出符合种子质量要求的种子。

一、杂质定义和分类

(一)杂质定义

1. 杂质

种子中混入的其他物质、其他植物种子及按要求应淘汰的被清选作物种子。

2. 小型杂质

最大尺寸小于被清选作物种子宽度或厚度尺寸的杂质,简称小杂。

3．大型杂质

最大尺寸大于被清选作物种子宽度尺寸的杂质，简称大杂。

4．轻杂

相对密度或悬浮速度小于被清选作物种子的杂质。

5．重杂

相对密度大于被清选作物种子的杂质。

6．并肩石

形状、尺寸与被清选作物种子相似、相近的重杂。

7．长杂

形状与被清选作物种子相似，最大尺寸大于被清选作物种子长度尺寸的杂质。

8．短杂

形状与被清选作物种子相似，最大尺寸小于被清选作物种子长度尺寸的杂质。

9．异形杂质

最大尺寸与球形（或截面呈圆形）种子尺寸相近且形状有较大差异的杂质（如大豆种子中的豆瓣），或与种子的宽度尺寸相近而形状有较大差异的球形（或截面呈圆形）杂质（如玉米种子中的球形杂质）。

10．异色杂质

颜色与被清选作物种子明显不同的杂质及变色且超过规定面积的被清选作物种子。

（二）分类

根据杂质与种子的物理特性不同，可将杂质分为以下五类：

（1）与种子籽粒宽度或厚度尺寸不同可分出大杂、小杂。

（2）与长粒种子长度尺寸不同可分出长杂、短杂。

（3）与种子悬浮速度或相对密度不同可分出轻杂、重杂或并肩石。

（4）与球形（或截面呈圆形）种子形状不同以及球形（或截面呈圆形）杂质与种子形状不同可分出异形杂质。

（5）与种子颜色不同可分出异色杂质。

二、杂质清除原理方法及设备

以杂质与种子物理特性差异为清除原理，选择合理的分选方法与适合的加工设备清除各类杂质。

1．大杂和小杂

利用杂质与种子籽粒宽度或厚度尺寸差异选择筛选法，选用圆筒初清筛或风筛式清选机清除大杂、小杂。

2．长杂和短杂

利用杂质与长粒种子长度尺寸差异选择长度分选法，选用窝眼筒分选机清除长杂或短杂。

3．轻杂和重杂或并肩石

利用杂质与种子悬浮速度或相对密度差异选择风选法或重力分选法，选用气流清选机清除轻杂；选用重力式分选机清除轻杂、重杂；选用重力去石机清除并肩石。

4. 异形杂质

利用杂质与种子形状差异选择形状分选法,选用带式分选机或螺旋分选机清除异形杂质。

5. 异色杂质

利用杂质与种子颜色差异选择色选法,选用色选机清除异色杂质。

三、除杂率或净度

按初清、基本清选和精选分别说明各种分选方法与选用设备的除杂率或净度。

(一)初清除杂率

各种初清设备的初清除杂率指标见表 4-1。

表 4-1　初清除杂率　　　　%

清选方法	设备	杂质类型	除杂率
风选	气流清选机	轻杂	≥70
筛选	圆筒初清筛(双筒)	大杂、小杂和轻杂	≥70
风筛选	风筛式初清机	大杂、小杂和轻杂	≥80

(二)基本清选净度

基本清选选用风筛式清选机,清选主要粮食作物种子、蔬菜作物种子和经济作物种子,基本清选净度指标见表 4-2。

表 4-2　基本清选净度　　　　%

被清选作物种子	选前种子净度	选后种子净度
主要粮食作物水稻、小麦、玉米、大豆	≥96.0	≥98.0
主要蔬菜白菜、甘蓝、茄子、辣椒、番茄、芹菜	≥95.0	≥97.0
主要经济作物油菜、甜菜	≥95.0	≥97.0

(三)精选除杂率

原料种子经过基本清选,各种分选方法与精选机除杂率指标见表 4-3。

表 4-3　各种分选方法及精选机除杂率　　　　%

分选方法	精选机	杂质	除杂率
长度分选	窝眼筒分选机	长杂	≥90
		短杂	≥85
重力分选	重力分选机	重杂	≥85
		轻杂	≥90

续表 4-3

分选方法	精选机	杂质	除杂率
形状分选	带式分选机	异形杂质	≥75
	螺旋分选机	异形杂质	≥75
色选	色选机	异色杂质	≥70

第二节 种子风选

种子风选也称气流清选,是根据杂质与种子悬浮速度差异,利用气流分离轻杂的方法。常用风选设备如木制风车、气流清选机等,主要用于清除原料种子中的轻杂。

气流清选机按气流运动方向分为垂直气流清选机、水平气流清选机和倾斜气流清选机三种形式。其中垂直气流清选机应用较多。

一、5XQZ-3 垂直气流清选机结构和工作过程

(一)5XQZ-3 垂直气流清选机结构

5XQZ-3 垂直气流清选机(以下简称垂直气流清选机)主要由进料部分、垂直吸气道、风量调整装置等组成,见图4-1。

1. 进料部分

进料部分由进料箱和弹簧压力调整装置组成,弹簧压力调整装置通过蝶形螺母调整弹簧压力改变进料口的间隙,调整进料量并确保进料箱中存有适量种子。进料箱中存料能稳定流量并起到关闭气流通道的作用。

2. 垂直吸气道

垂直吸气道是一个变截面吸风管道,装有风量调整装置。

3. 风量调整装置

风量调整装置由隔板、蝶阀和调整手轮等组成。通过转动调整手轮调整隔板位置改变吸气道截面面积调整气流速度。通过转动手柄改变蝶阀开启程度,改变吸气道中风量大小,调整气流速度,提高除杂率。

(二)垂直气流清选机工作过程

种子由进料箱均匀进入垂直吸气道与气流接触,气流速度小于种子悬浮速度,种子下落,由排料口排出。轻杂悬浮速度小于气流速度随气流向上,

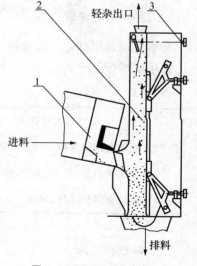

图 4-1 5XQZ-3 垂直气流
清选机结构示意图
1. 进料部分 2. 垂直吸气道
3. 风量调整装置

通过吸气道上部出口排出。

二、垂直气流清选机性能指标

垂直气流清选机性能指标见表 4-4。

表 4-4　垂直气流清选机性能指标

项目	指标
吸气道宽度/mm	500
吸气道厚度/mm	175～225
风量/(m³/h)	3 700～4 000

垂直气流清选机主要用于种子初清,清除种子中的轻杂。轻杂清除率大于或等于 70%。垂直气流清选机常与振动筛或圆筒筛配套使用,清除轻杂、大杂和小杂。

三、垂直气流清选机使用和维护

(一)安装

垂直气流清选机周围应留出足够的空间用于操作和维护。

安装后,应检查以下内容:①所有紧固螺栓不得松动。②电机旋转方向应正确。③备用工具等零散物应远离操作区域。

(二)调整

(1)通过调整弹簧压力来调整进料箱进料口间隙,调整进料速度和进料量,确保进料均匀稳定,并保持料斗内一定的存料高度。

(2)通过改变垂直吸气道厚度,从而改变气流清选区截面面积来调整气流速度。

(3)通过改变蝶阀开启程度,从而改变吸气道中风量大小来调整气流速度。

(三)维护与保养

(1)每次作业前,应检查所有紧固件。

(2)检查并清除风机及垂直吸气道等部分内部的杂物。

(3)按使用说明书要求对各润滑点进行润滑。

(四)故障原因及排除方法

垂直气流清选机故障原因及排除方法见表 4-5。

表 4-5　垂直气流清选机故障原因及排除方法

序号	故障现象	产生原因	排除方法
1	振动过大或有撞击声	连接件松动	紧固连接件

续表 4-5

序号	故障现象	产生原因	排除方法
2	杂质中种子含量过多	气流速度过大 喂入量过大	调整气流速度 调整喂入量
3	种子中杂质含量过多	气流速度过小	调整气流速度

第三节　种子筛选

种子筛选是根据种子的宽度、厚度尺寸和杂质的差异,利用振动筛板或旋转筛筒清除大杂、小杂的清选方法。筛选工作部件是均匀分布具有一定形状、尺寸筛孔的筛板,筛板为平面的称为平面筛,筛板为圆筒形的称为圆筒筛。

一、筛选工作部件

筛选设备工作部件种类较多,常用的有栅筛、冲孔筛板和编织筛网三种。

1. 栅筛

栅筛是具有一定截面形状的金属条或圆钢按一定间隙平行排列而成,筛孔呈长条形,栅条的宽度或直径一般为 5 mm 左右,栅条的间距在 15 mm 以上。栅筛具有结构简单、处理量大、筛分能力强、无须动力等特点,主要用于种子初清,以去除种子中的大杂。

2. 冲孔筛板

冲孔筛板是带有规则筛孔的薄金属板,其厚度一般为 0.5~2.5 mm,筛孔为冲压制成。常用的筛孔形状有圆形、长方形和三角形,根据特殊需要,也可冲压成鱼鳞筛孔。冲孔筛板的优点是筛板坚固,筛孔不易变形,适用于种子清选和种子分级。

3. 编织筛网

编织筛网是用镀锌钢丝或低碳钢丝编织而成的,编织方法有平织和绞织两种。筛网的优点是筛分面积大,筛面利用率高,筛孔不易堵塞,筛面容易张紧,筛孔由光滑的圆形钢丝编成,种子通过能力强;由于金属丝的纵横交错,使筛面凹凸不平,摩擦系数大,有利于种子形成自动分级,有利于筛选。缺点是筛孔容易变形,筛面的强度较差,使用寿命较冲孔筛板短。

二、筛孔形状选择

常见筛孔形状有圆孔、长孔、三角形孔、鱼鳞孔、波纹孔等,见图 4-2。种子清选主要用圆孔和长孔两种形式。

长孔筛是按种子厚度进行筛选。长孔宽度应大于种子厚度小于种子的宽度,筛孔长度大于种子长度,种子不需竖起来即可通过筛孔。种子长度和宽度尺寸不受长孔限制,见图 4-3。

圆孔筛按种子宽度进行筛选。筛孔的直径小于种子长度而大于种子厚度,筛选时种子籽粒竖起来通过筛孔,种子厚度和长度尺寸不受圆筛孔限制,见图 4-4。

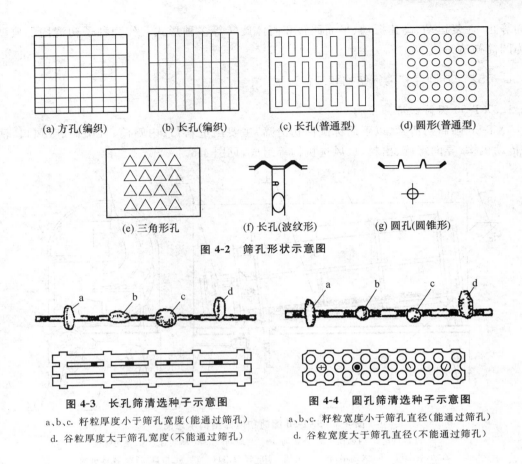

(a) 方孔(编织)　　　　(b) 长孔(编织)　　　　(c) 长孔(普通型)　　　　(d) 圆形(普通型)

(e) 三角形孔　　　　(f) 长孔(波纹形)　　　　(g) 圆孔(圆锥形)

图 4-2　筛孔形状示意图

图 4-3　长孔筛清选种子示意图

a、b、c. 籽粒厚度小于筛孔宽度(能通过筛孔)
d. 谷粒厚度大于筛孔宽度(不能通过筛孔)

图 4-4　圆孔筛清选种子示意图

a、b、c. 籽粒宽度小于筛孔直径(能通过筛孔)
d. 谷粒宽度大于筛孔直径(不能通过筛孔)

三、筛孔尺寸选择

　　筛孔尺寸选择,除依靠实际生产经验,参照常用的筛孔确定外,合理的办法是按照种子和杂质的宽度尺寸曲线来确定。如用成套的标准检验筛对种子(小麦)试样(包括其中的杂质)进行筛选分析,以各层筛板筛孔尺寸为横坐标,以该层筛板筛上物质量占试样的质量分数为纵坐标,这种按筛孔尺寸绘出的宽度尺寸分布曲线也叫作某种子的筛分曲线。图4-5就是小麦种子的筛分曲线,从图中可以看出,采用直径为 2.5 mm 的筛孔能筛出大部分小杂,用直径为 4.2 mm 的筛孔能筛出大部分的大杂。实际应用中,影响筛选的因素较多,按上述曲线确定筛孔尺寸时,应比曲线图中尺寸放大0.1~0.2 mm。

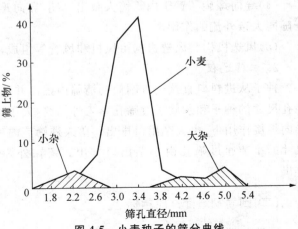

图 4-5　小麦种子的筛分曲线

四、5XT-50 圆筒初清筛

　　筛选设备按照工作部件运动形式可

分为静止、往复运动、高速振动、平面回转和筒体旋转等多种形式。作为种子初清用的典型设备为圆筒初清筛。

(一)5XT-50圆筒初清筛结构和工作过程

1.5XT-50圆筒初清筛结构

5XT-50圆筒初清筛(以下简称圆筒初清筛)主要由进料口、内筛筒、外筛筒、吸风口、清理刷、传动机构、导向螺旋、出料口、风选机构等组成,见图4-6。

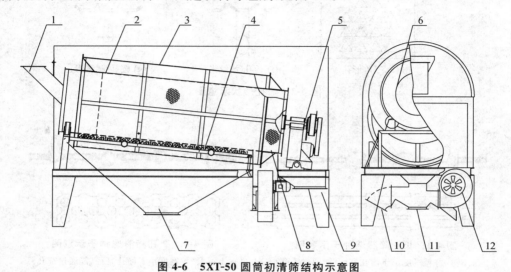

图 4-6　5XT-50 圆筒初清筛结构示意图

1.进料口　2.内筛筒　3.外筛筒　4.清理刷　5.传动装置　6.导向螺旋
7.小杂出口　8.大杂出口　9.机架　10.轻杂出口　11.出料口　12.风选机构

(1)筛筒　是主要工作部件,分为内筛筒和外筛筒,均由圆孔或长孔的筛板加工而成,内筛筒内壁安有导向螺旋。

(2)清理刷　清理刷安装在外筛筒外壁,用于清理外筛筒筛孔,防止堵塞。

(3)传动装置　传动装置由减速电机和一组链轮组成,驱动筛筒旋转。

(4)导向螺旋　置于内筛筒大杂出口端,导向螺旋不仅有助于排出大杂,并且起到阻止种子随同大杂外流的作用。

(5)风选机构　风选机构由风机和风管等组成,作用相当于水平气流清选机,清除轻杂。

2.工作过程

种子从进料口直接进入圆筒初清筛内筛筒并随着筛筒一起转动,在转动同时,小于内筛筒筛孔尺寸的种子和杂质通过筛孔落入外筛筒,大于内筛筒筛孔尺寸的大杂在内筛筒内壁板状导向螺旋作用下,由大杂出口排出。落入外筛筒内种子和杂质随外筛筒转动,小于外筛筒筛孔尺寸的小杂通过筛孔由小杂出口排出。留在外筛筒内的种子经气流清除轻杂后由出料口排出。

(二)圆筒初清筛性能指标

圆筒初清筛主要性能指标见表4-6。

表 4-6　圆筒初清筛性能指标

项目	指标
生产率/(t/h)	50
除杂率/%	≥70
清选损失率/%	≤2

(三)圆筒初清筛使用与维护

1. 安装

周围应留出足够的空间用于操作和维护。安装后,应检查以下内容:

(1)所有紧固螺栓不得松动。

(2)主、从动链轮端面应在同一平面上,链条的松紧适度,啮合良好。

(3)筛筒旋转方向应正确。筛筒应保持运转灵活,轴向不应有移动。

2. 操作要求

(1)使用前应先进行试运转 $10\sim15$ min,筛筒转向应与筛筒旋转标志的指向一致,检查各连接部位,不得有松动和卡、碰、擦等异常响声。

(2)试运转正常后方可进料,喂入量应保持均匀。

(3)发生故障时应立即停机检查,故障排除后再重新开机使用。

(4)作业完成后应首先停止喂入,待机内种子清选完毕后再停机。

3. 维护保养

(1)每次作业前,应检查所有紧固件。

(2)筛筒、清理刷等易损件应定期检查,及时更换。

(3)定期对链轮与轴承等处进行清洁、加注润滑油脂。

(4)检查并清除风机及内外筛筒等部分内部杂物。

4. 故障分析及排除方法

圆筒初清筛常见故障分析及排除方法见表 4-7。

表 4-7　圆筒初清筛常见故障分析及排除方法

序号	故障现象	产生原因	排除方法
1	除杂率低	筛筒破损	更换筛筒
		筛筒筛孔尺寸不对	更换合适筛筒
2	生产率过低	筛孔堵塞	检修清理刷
3	噪声大,振动剧烈	轴承磨损严重	更换轴承
		筛筒紧固螺栓松动	紧固螺栓

第四节　种子风筛选

风筛选是指风选法加筛选法,由风选工作部件和筛选工作部件组合,同时完成风选和筛选作业,能清除轻杂、大杂和小杂。典型设备是风筛式清选机,其中单吸气道和单筛箱(2 层筛板)为风筛式初清机,用于种子初清;双吸气道双筛箱(4～5 层筛板)为风筛式清选机,用于种子基本清选。

一、5X-5 风筛式清选机结构和工作过程

(一)5X-5 风筛式清选机结构

5X-5 风筛式清选机(以下简称风筛式清选机)主要由机架、喂料装置、风选部分、筛选部分、传动部分、风选排杂机构等组成,见图 4-7。

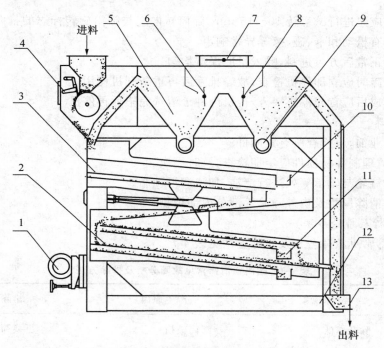

图 4-7　5X-5 风筛式清选机结构示意图

1. 传动部分　2. 下筛箱　3. 上筛箱　4. 喂料装置　5. 沉降室　6. 前吸气道风量调整装置　7. 总风量调整装置　8. 后吸气道风量调整装置　9. 风选排杂机构　10. 大杂排出口　11. 小杂排出口　12. 机架　13. 主排出口

1. 喂料装置

由喂入斗、喂料辊等组成。

2. 风选部分

包括前吸气道、后吸气道及前吸气道、后吸气道风量调整装置及前后沉降室。用于清除和

排出轻杂。

3. 筛选部分

由上、下筛箱组成,两筛箱悬吊在机架上,筛板可更换。筛箱由同一轴上的两组曲柄连杆机构驱动,做往复运动,自行平衡。采用橡胶球清筛。

4. 传动部分

传动部分主要由电机、曲柄连杆机构等组成,驱动筛箱做往复运动。

5. 风选排杂机构

风选排杂机构由螺旋输送机和条状活门板等组成,将风选出来的轻杂排出机外。

(二)风筛式清选机工作过程

根据原料种子含杂率及加工质量要求可选择不同筛板配置,现以上筛箱二层筛板串联,下筛箱二层筛板并联,以大杂筛-小杂筛-小杂筛-小杂筛的配置方式为例说明。

种子由喂料装置喂入并均匀散开,种子散落过程中进入前吸气道被气流将其中的轻杂吸进前沉降室,通过风选排杂机构排出。经过前吸气道清除轻杂后,种子落到上筛箱第一层筛板清除大杂,由大杂排出口排出。筛下物落到第二层筛板清除小杂,由小杂排出口排出。第二层筛板的筛上物经滑板流到下筛箱,经分料器将种子分到第三层、第四层筛板上清除小杂。筛选后的种子经过后吸气道,进行第二次风选,除去轻杂,轻杂经后沉降室分离沉降后,由风选排杂机构排出机外,清选后种子经主排出口排出机外。

二、风筛式清选机性能指标

(1)原料种子小麦净度大于或等于 96.0%,水分不大于 13.0%,风筛式清选机主要性能指标见表 4-8。

表 4-8　风筛式清选机主要性能指标

项目	指标	项目	指标
净度/%	≥99.0	千瓦小时生产率/[t/(kW·h)]	≥0.75
获选率/%	≥98	清选每吨种子空气消耗量/(m³/t)	≤2 000
筛片面积生产率/[t/(m²·h)]	≥0.6		

(2)用于其他作物种子清选,清选后净度至少提高 2%。

三、风筛式清选机使用和维护

1. 安装要求

风筛式清选机筛箱多用木质构件,因此要求安装在干燥、通风条件良好的室内。安装时,周围应留出足够的空间进行操作和维护。

2. 筛板配置

风筛式清选机在作业前,首先要根据原料种子中大杂、小杂含量不同选配筛板。含大杂较多时选用大杂筛-大杂筛-小杂筛-小杂筛或大杂筛-小杂筛-大杂筛-小杂筛配置,含小杂较多时选用大杂筛-小杂筛-小杂筛-小杂筛配置。

3. 调整

(1)喂入量的调整　喂入量应达到风筛式清选机的额定生产率。喂入量过大,种子层厚,阻力大,风选时中间层轻杂不易被吸出,降低风选性能,影响除杂率。喂入量过小,种子层薄,容易被气流吹穿,降低风选性能,影响除杂率。

(2)前吸气道的调整　前吸气道的作用是清除种子中的轻杂,其气流速度调整范围为2～8 m/s。前吸气道气流速度过大时,容易将合格种子吸走,过小则不能完全清除种子中的轻杂,气流速度应调整到大于轻杂的悬浮速度,小于种子的悬浮速度,风量为总风量的30％～50％。

(3)后吸气道的调整　后吸气道的作用是清除应淘汰的被清选作物种子,其气流速度调整范围为2～14 m/s,一般以不吸入合格种子为准,风量为总风量的50％～70％。

(4)筛板的更换　更换筛板时,先把筛箱门板卸下,用专用钩子抽出筛框,然后换上所需规格的筛板。装筛时一层一层平推进去,注意锁紧筛箱门螺栓,以防止作业时筛框前后窜动。

4. 维护与保养

(1)每次作业前,应检查各紧固件是否松动,转动是否灵活,有无异常声响,故障全部排除后方可作业。

(2)按使用说明书要求,对各润滑点进行润滑。

(3)风筛式清选机必须在室内存放,并有良好的通风防潮措施,以防木质件受潮变形。

(4)检查并清除风机、沉降室、筛箱等内部的杂物。

(5)定期检查排杂装置出口挡风板的状态。要保持挡风板可自由转动,杂余能顺利排出,而空气不会进入沉降室,以避免降低风选效果。

5. 故障分析及排除方法

风筛式清选机常见故障分析及排除方法,见表4-9。

表 4-9　风筛式清选机常见故障分析及排除方法

序号	故障现象	产生原因	排除方法
1	喂入量减少	进料口堵塞	清理种子中异物
2	筛上物偏向一边	进料在宽度上不均匀	调整进料间隙
		筛板不水平	调整两侧吊杆
3	小杂中含有较多合格种子	筛框与筛箱侧板间隙过大	调整筛框与筛箱侧板间隙
4	轻杂中含有较多合格种子	风量过大	调整风量

第五节　种子重力分选

重力分选是按种子与杂质的相对密度差异清除重杂和轻杂的分选方法。重力分选常用设备有重力式分选机、重力式去石机和重力式谷糙分离机。

一、5XZ-5 重力式分选机

重力式分选机是种子加工必备的加工设备,适用于多种农作物种子的分选。即可单机使用,也可配套使用。

(一)重力式分选机结构

5XZ-5 重力式分选机(以下简称重力式分选机)主要由角度调整机构、工作台面、机架、风室、传动机构、排料斗等组成,见图 4-8。

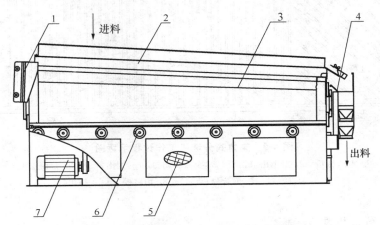

图 4-8 5XZ-5 重力式分选机结构示意图
1. 角度调整机构 2. 工作台面 3. 机架 4. 排料斗 5. 风室 6. 风量调整机构 7. 传动机构

1. 工作台面

是重力式分选机的主要工作部件,由木制框架、金属编织筛网、均料板和挡板等部分组成。起到导向和调整种子排放速度的作用。

2. 风室

风室由风机、风机电机、风量调整机构等组成。

3. 角度调整机构

包括纵向倾角调整机构和横向倾角调整机构。纵横向调整机构均由调整手柄、螺杆和锁紧机构组成。

4. 传动机构

由电机、曲柄连杆机构及振动频率调整机构等组成。

(二)重力式分选机工作过程

种子从进料端落入到具有倾角的工作台面,在振动和气流的共同作用下,种子呈悬浮状态,并按相对密度自动分层。重杂和种子下沉,轻杂上浮。在纵向倾角作用下,同时发生表层轻杂向台面低边下滑,底层重杂和种子向台面高边上移的层间交错运动。在横向倾角作用下,同时发生表层轻杂向横向出料边低端运动,底层重杂和种子向出料边高端的合成运动。上述三种运动作用下使重杂在高边的重杂出口排出,种子和轻杂在出料边按相对密度大小从高端向低端依次分区从各排出口排出,见图 4-9。

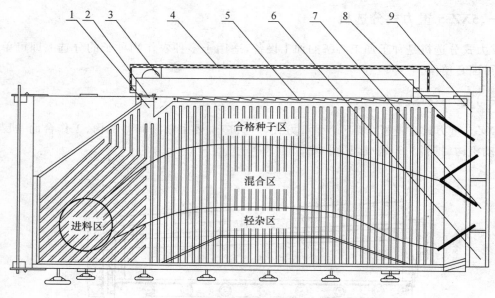

图 4-9 重力式分选机工作过程示意图

1. 重杂出口　2. 重杂出口挡板　3. 重杂排出口　4. 侧出料斗　5. 台面挡板
6. 轻杂排出口　7. 混合物排出口　8. 均料板　9. 主排出口

（三）重力式分选机性能指标

原料种子经过基本清选净度大于或等于 98.0%，水分不大于 13.0%，主要杂质是重杂和轻杂，重力式分选机主要性能指标见表 4-10。

表 4-10 重力式分选机性能指标

项目	指标	项目	指标
千瓦小时生产率/[t/(kW·h)]	≥0.45	重杂清除率/%	≥85
轻杂清除率/%	≥90	获选率/%	≥98

（四）重力式分选机使用和维护

1. 安装要求

重力式分选机应固定在防振工作平台上或水泥地面上，并处于水平状态。在将重力分选机定位时，因四周都有调整机构，应留有足够的空间。

2. 调试

（1）试运转　调整前应检查并锁紧纵向横向倾角锁紧机构，进行 10 min 试运转，无异常振动和噪声，方可进料试机。

（2）喂料量调整　最佳喂料量一般应满足工作台面纵向高边种子层厚度是工作台面低边种子层厚度 2～3 倍。工作台面进料端种子层厚度是台面出料端种子层厚度的 2～4 倍。大粒种子（如玉米、大豆）台面平均厚度 2.5～5.0 cm，中粒种子（如小麦、水稻）平均厚度 1.25～

2.5 cm,小粒种子(如粟类种子)平均厚度 0.65～1.25 cm。喂料量的大小一般通过电磁振动给料器来控制。

(3)风量调整　粒径大的种子所需风量大,粒径小、扁平或较轻的种子所需风量小。适当的风量是种子铺满整个台面,达到流化悬浮状态,轻杂流向轻杂出口而不向种子出口蔓延,与种子有较明显或大体能判断出来的分界线。风量调整的原则是从进料口端向出料口端依次调整,风门宜大、转速宜低,这样节能效果好,部件使用寿命长。调整一般由小到大,风门或风机转速逐渐加大,边调整边观察,每次调整后,需稳定 1 min 左右,再接样检查,如不合适再调整。

(4)振动频率调整　振动频率可通过变频器或机械变速机构来调整。振动频率与台面的纵向倾角密切相关,应相互配合调整。

(5)振幅调整　调整振动电机偏心量大小或偏心块位置可改变振幅。大振幅一般适合大粒种子,小振幅适合小粒种子。

(6)纵向倾角调整　调整时先松开锁紧装置,通过转动手柄螺杆调整纵向倾角。合适的倾角使工作台面纵向高边种子层厚度是台面低边种子层厚度 2～3 倍。

(7)横向倾角调整　调整时先松开锁紧装置,通过转动手柄螺杆调整横向倾角。合适的倾角使工作台面进料端种子层厚度是台面出料端种子层厚度的 2～4 倍。

(8)台面挡板和均料板调整　调试前,挡板可以关闭。最初阶段喂料量较小,待种子基本铺满台面后,通过观察轻杂的走向,再逐一把挡板调至半开位置。调整其他参数,待工况达到有效分选后,结合喂料量的加大,根据分选情况再调整挡板打开的位置。在混合区与合格种子区、混合区与轻杂区的交汇处,可利用均料板作适当的分隔。待重杂积累到一定程度后,视重杂排放再将重杂出口挡板打开到合适开度,可减少种子的流失。

3. 故障分析及排除方法

重力分选机常见故障分析及排除方法见表 4-11。

表 4-11　重力分选机常见故障分析及排除方法

序号	故障现象	产生原因	排除方法
1	异常声响	连接件松动	紧固连接件
2	台面未铺满	喂入量过小	调整喂入量
3	种子分层不明显	风量不适合	调整风量
		振动频率不适合	调整风量
4	获选率低	纵向倾角过大	调整纵向倾角

二、5XQS-5 重力式去石机

重力式去石机主要用于清除种子中的并肩石。

（一）5XQS-5 重力式去石机结构

5XQS-5 重力式去石机（以下简称重力式去石机）主要由进料斗、工作台面、排石口、风室、振动频率调整机构、机架、风量调整机构和出料斗组成，见图 4-10。

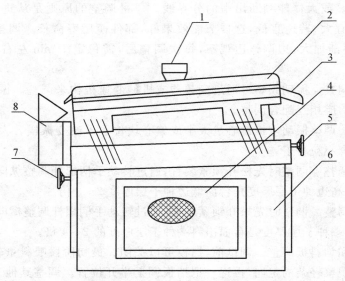

图 4-10　5XQS-5 重力去石机结构示意图
1. 进料斗　2. 工作台面　3. 排石口　4. 风室　5. 振动频率调整机构
6. 机架　7. 风量调整机构　8. 出料斗

（二）重力式去石机工作过程

种子在振动和气流的共同作用下，在工作台面上实现分层，相对密度较大的并肩石沉在底层，相对密度较小的种子浮在上层。并肩石在工作台面上受气流作用沿台面向上移动至台面高端，从排石口排出。而种子则沿台面向下滑动，经出料口排出。

（三）重力式去石机性能指标

重力式去石机主要性能指标见表 4-12。

表 4-12　重力式去石机主要性能指标

项目	指标
生产率/(t/h)	5
除石率/%	≥75
损失率/%	≤1

（四）重力式去石机使用和维护

1. 作业前准备

（1）检查各连接螺栓是否紧固。

（2）检查电机旋转方向。

（3）传动皮带轮应转动灵活无障碍。

（4）试运转 10 min,各部分运转正常后方可上料。

2．调整

（1）喂入量调整　　通过喂入调整机构控制喂入量的大小,实现喂入均匀连续无波动。

（2）工作台面倾角调整　　将机架侧面的紧固手柄松开,通过调整角度调整手柄完成台面倾角的调整。台面倾角的大小决定生产率和获选率。台面倾角小,排石快排种慢,适于含石率大的种子;相反,台面倾角大时,排石慢排种快,生产率高,适于含石率小的种子。视种子含石率多少调整合理的倾角。

（3）风量调整　　风量的调整是通过风量调整手柄来实现的。调整时各风机应分别调整,风量过大阻碍排石速度;风量过小,流动性变差,影响分离质量,降低生产率。

（4）振动频率调整　　振动频率的调整是通过调整偏心轴的转速来实现的。增大振频,去石效果增强,反之效果减小。

3．维护与保养

（1）作业前,应先检查所有传动件和各紧固螺栓中是否有松动现象,三角带松紧是否适当。

（2）各部轴承应定期加注润滑油脂。

（3）作业结束后,应对工作台面进行清理并在干燥通风处存放。

4．故障及排除方法

重力式去石机常见故障及排除方法见表 4-13。

表 4-13　重力式去石机常见故障及排除方法

序号	故障现象	产生原因	排除方法
1	生产率低	喂入量小	增大喂入量
2	去石率低	喂入量大	降低喂入量
		倾角过小	加大倾角
		风量小	加大风量
		振动频率低	提高振动频率
3	振动、噪声过大	连接件松动	紧固连接件

三、MGCZ×100×7 重力式谷糙分离机

重力式谷糙分离机是利用种子和杂质相对密度的差异,清除重杂(短杂),主要用于清除水稻种子中的整粒糙米。

（一）MGCZ×100×7 重力式谷糙分离机结构

MGCZ×100×7 重力式谷糙分离机(以下简称重力式谷糙分离机)由进料机构、分离箱体、偏心传动机构、出料装置、支承机构和机架等部分组成,见图 4-11。

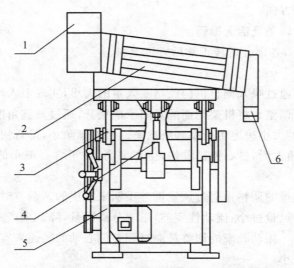

图 4-11　MGCZ×100×7 重力式谷糙分离机结构示意图
1. 进料机构　2. 分离箱体　3. 支承机构　4. 传动机构　5. 机架　6. 出料装置

1. 进料机构

由进料斗、流量控制阀门、分料装置和断料感应装置组成,主要作用是调整流量和均匀分料。断料感应装置可根据来料状况自动开停机。

2. 分离箱体

由七层分离板、框架和出料装置组成。分离板是该机的主要工作部件,由薄钢板冲制而成。分离板表面有马蹄形凸台,高度 2.4 mm 凸台的作用是增加工作面的粗糙度,促进工作面上种子自动分级,并有一定的下滑阻力。

3. 支承机构

由支承座、支承轴承座、支承轴、偏心套、锁紧手柄等组成。支承机构设有左右两组升降机构,通过转动升降把手可以改变两个支承座的高度,从而达到调整分离箱横向倾斜角的目的。

4. 传动机构

采用单连杆偏心传动机构,安装调试简便,操作维护方便。

5. 出料装置

内设有出料调整板,用于调整种子糙米和混合物的相对比例,控制流量和糙米清除率。

(二)重力式谷糙分离机工作过程

工作时含糙米的水稻种子由进料装置喂入,将种子平均分配,分别输送到各层分离板。在振动和双向倾角作用下,水稻种子上浮,糙米下沉,糙米在粗糙的工作台面凸台的阻挡作用下,向上斜移,从工作面的上出口排出。水稻种子则在横向倾角和进料推力的作用下向斜下方移动,从下出料口排出,混合物从回流口排出,从而实现水稻种子和糙米的分离,见图 4-12。

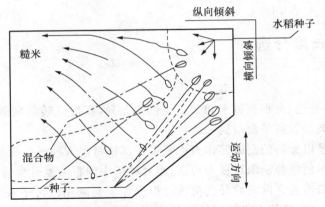

图 4-12　重力式谷糙分离机工作过程示意图

(三)重力式谷糙分离机使用和维护

1. 安装要求

(1)基础应牢固可靠并保持水平,以保证正常分离板倾角。

(2)进料系统应对正分离箱进料口的中心。

2. 维护与保养

(1)每次作业前,应检查各紧固件是否松动,转动是否灵活,主传动带的紧松程度是否合适,有无异常声响,故障全部排除后方可作业。

(2)按使用说明书要求对各润滑点进行润滑。

(3)易损件应定期检查,及时更换。

(4)作业结束后,应卸下传动带,分离板应涂油平放,防止板面氧化、变形,上层分离板应覆盖保护。

3. 故障分析及排除方法

重力式谷糙分离机常见故障分析及排除方法见表 4-14。

表 4-14　重力式谷糙分离机常见故障分析及排除方法

序号	故障现象	产生原因	排除方法
1	振动过大	连接件松动	紧固连接件
		两偏心套与连杆长度不一致	调整间距
		两组支承机构定位不准	校正支承机构
		电机轴与主轴中心线不平行	校正电机轴与主轴中心线
2	各层分离质量不一致	各层分离板种子流量不一致	调整匀分导板
		某层分离板变形或磨损	调整或更换该层分离板

第六节　种子长度分选

　　长度分选(窝眼分选)是根据种子和杂质长度的差异,利用旋转的窝眼筒(盘)清除长杂或短杂的分选方法。典型设备是窝眼筒分选机。

　　窝眼筒分选机是以旋转的窝眼筒作为主要工作部件将混入种子中的长杂或短杂清除的分选设备。水稻种子中的整粒糙米可视为短杂,小麦种子中的野燕麦可视为长杂,窝眼筒分选机能将它们有效地分离出去。窝眼筒分选机还可根据加工要求用作种子长度尺寸分级设备,窝眼筒有整体式和组合式,整体式更换时拆装较麻烦,目前大多采用组合式。

一、5XWT-5 窝眼筒分选机基本结构和工作过程

(一)5XWT-5 窝眼筒分选机基本结构

　　5XWT-5 窝眼筒分选机(以下简称窝眼筒分选机),主要由进料口、机架、窝眼筒、螺旋输送器、传动装置、集料槽、集料槽调节装置、幅盘和排料口等组成,见图 4-13。

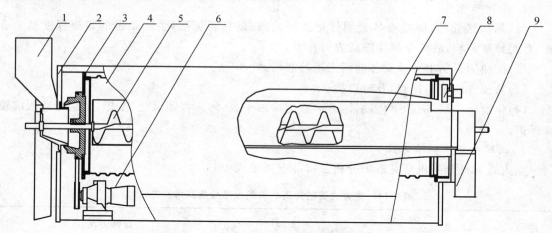

图 4-13　5XWT-5 窝眼筒分选机基本结构示意图
1. 进料口　2. 机架　3. 幅盘　4. 窝眼筒　5. 螺旋输送器　6. 传动装置
7. 集料槽　8. 集料槽调整装置　9. 排料口

　　1. 窝眼筒

　　窝眼筒是由两个半圆弧形板拼成的圆筒,半圆弧形板上冲有窝眼,窝眼筒用螺栓固定在幅盘上。

　　2. 集料槽

　　由 V 形槽板、螺旋输送装置、调整装置等组成。集料槽在窝眼筒中央沿轴向布置,接收从窝眼中坠落下来的短杂或种子。集料槽接料边在筒内位置的高低可以调整。集料槽还可以直接翻转,方便清理。收集在集料槽中的短杂或种子通过螺旋输送器排出。

（二）窝眼筒分选机工作过程

窝眼筒分选机工作时,窝眼筒作旋转运动,种子喂入到窝眼筒的底部,除短杂时,短杂进入窝眼内并随旋转的筒体上升到一定高度,因自重而落到集料槽内,并被槽内螺旋输送器排出,而未入窝眼的种子,则沿筒内壁向后移动从另一端排出;除长杂时,种子由窝眼带起落入集料槽被排出,而长杂沿窝眼筒轴向移动从另一端排出,将种子与长杂分开,见图4-14。

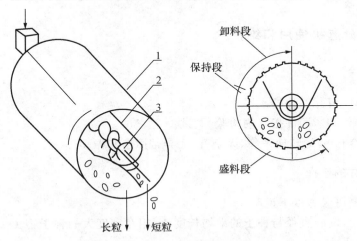

图 4-14　窝眼筒分选机工作过程示意图
1. 滚筒　2. 集料槽　3. 螺旋输送器

二、窝眼筒分选机性能指标

（1）小麦种子经过基本清选,净度大于或等于98.0％,水分不大于13.0％。主要杂质是长杂（野燕麦）,窝眼筒分选机清除长杂时主要性能指标见表4-15。

表 4-15　除长杂时主要性能指标

项目	指标
除长杂率/％	≥90
筒壁面积生产率/[t/(m² · h)]	≥0.3
获选率/％	≥97
破损率/％	≤0.1
千瓦小时生产率/[t/(kW · h)]	≥1.75

（2）大麦种子经过基本清选,净度大于或等于98.0％,水分不大于13.0％。主要杂质是短杂（小麦）,窝眼筒分选机清除短杂时性能指标见表4-16。

（3）窝眼筒分选机还具有分级功能,即按种子籽粒长度尺寸分级,分级合格率大于或等于85％。

表 4-16　除短杂时主要性能指标

项目	指标	项目	指标
除短杂率/%	≥85	破损率/%	≤0.1
筒壁面积生产率/[t/(m²·h)]	≥0.4	千瓦小时生产率/[t/(kW·h)]	≥2.5
获选率/%	≥97		

三、窝眼筒分选机使用和维护

(一)安装要求

(1)基础应牢固可靠并保持水平。
(2)各传动部件和紧固件按常规检验、调试。
(3)试运转 10 min,运转应平稳、无杂音、无异常撞击和振动。

(二)窝眼尺寸的选择

窝眼尺寸选择可参考以下说明。

除长杂窝眼筒,窝眼直径与种子的平均长度比:相对密度大的种子为 1.1～1.2、相对密度小的种子为 1.3～1.4。

除短杂窝眼筒,窝眼直径与种子的平均长度比:相对密度大的种子为 0.8～0.9、相对密度小的种子为 0.95～1.0。

实际上选择短粒窝眼尺寸时,为选得更净,窝眼尺寸要比设定的大一些。如种子平均长度的 0.8 倍是 5.9 mm,最好选择规格为 6.3 mm 而不是 5.6 mm 的窝眼。

(三)调整

1. 进料量调整
通过调节振动给料器的出料口开度来实现,开度越大,喂料量越大。
2. 转速调整
窝眼筒转速对分选质量影响较大,采用无级变速机构调整。
3. 集料槽接料边位置调整
除短杂时,集料槽接料边过高,短杂不能进入集料槽;除长杂时,集料槽接料边过低,长杂被带起进入集料槽,通过集料槽调节装置调整接料边高低。

(四)维护与保养

(1)每次作业前,应检查所有紧固件。
(2)按使用说明书要求对各润滑点进行润滑。
(3)螺栓连接部分及橡胶圈、链条张紧装置等易损件应定期检查,及时更换。

(五)故障分析及排除方法

窝眼筒分选机常见故障分析及排除方法见表 4-17。

表 4-17 窝眼筒分选机常见故障分析及排除方法

序号	故障现象	产生原因	排除方法
1	排出杂质中混有合格种子	喂入量过大 窝眼筒转速过大 窝眼尺寸选择不当	调整喂入量 调整转速 选择合适的窝眼尺寸
2	生产率低	排料装置设置不当 滚筒转速低	调整排料装置设置,加快排料速度 提高转速
3	除长杂时,长杂进入集料槽	集料槽接料边过低	调高集料槽边缘高度
4	除短杂时,短杂过多	集料槽接料边过高	调低集料槽边缘高度

第七节 种子形状分选

形状分选是根据杂质与球形(或截面呈圆形)的种子,或相反种子与球形(或截面呈圆形)的杂质在斜面上运动速度和轨迹不同,分离出异形杂质。形状分选的主要设备是带式分选机和螺旋分选机,主要用于分选大豆或小麦等种子。

一、5XD-2 带式分选机

(一)5XD-2 带式分选机结构和工作过程

1. 5XD-2 带式分选机结构

5XD-2 带式分选机(以下简称带式分选机)主要由进料斗、驱动辊、进料调节活门、喂料辊、选料带、倾角调节装置、出杂口、出料口、张紧轮等部分组成,见图 4-15。

2. 带式分选机工作过程

以分选大豆种子为例,机架本身有一定倾角,左 5°、右 8°、前 2.5°、后 8°(以进料斗端为前、为右),选料带转动时,种子由进料斗送达选料带上,随选料带向后运动,由于选料带与机架有相应的定型角,整个带面形成斜面,当种子随斜带面移动时,种子向下和向左滚动(因带面左低右高、前低后高),由左侧出料口排出;异形杂质在带面上滑动或不动,继续随选料带向后移动,落入出杂口排出,种子与异形杂质混合物由回流口排出,由此合格种子与异形杂质便分离开来,见图 4-16。

(二)带式分选机性能指标

带式分选机主要性能指标见表 4-18。

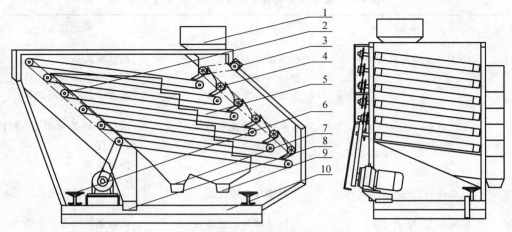

图 4-15　5XD-2 带式分选机结构示意图

1. 进料斗　2. 驱动辊　3. 进料调整装置　4. 喂料辊　5. 选料带　6. 倾角调整装置

7. 出杂口　8. 回流口　9. 出料口　10. 机架

表 4-18　带式分选机主要性能指标

项目	指标
生产率/(t/h)	≥2.0
异形杂质清除率/%	≥75
损失率/%	≤4

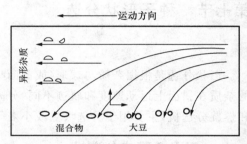

图 4-16　带式分选机工作过程示意图

(三)带式分选机使用和维护

1. 安装

(1)各部件应安装正确,没有松动、变形及损坏,各螺栓应紧固,无运转障碍。

(2)电机运转方向应为顺时针旋转。

(3)选料带应安装准确,无跑偏现象。

2. 调整

(1)水平调整　调整倾角调节装置使底座固定并保持水平。

(2)喂料调整　喂料应均匀稳定,无断料现象,使种子均匀分布于整个料带上面。

3. 使用及维护

(1)每次作业前,应检查所有紧固件。

(2)按使用说明书要求对各润滑点进行润滑。

(3)存放地点应干燥通风。

4. 故障分析及排除方法

带式分选机常见故障分析及排除方法见表 4-19。

表 4-19　带式分选机常见故障分析及排除方法

序号	故障现象	产生原因	排除方法
1	生产率低	喂入量不够	增加喂入量
		机架调整角度不合适	调整到合适角度
2	种子分选效果不好	喂入量过大	调整喂入量
		选料带面倾角过大或过小	调整选料带面倾角
3	选料带跑偏	驱动辊不平行	调整驱动辊

二、5XL-2 螺旋分选机

螺旋分选机是无动力清选设备,螺旋分选机主要适用于清除大豆或小麦种子中的异形杂质。

(一)5XL-2 螺旋分选机结构和工作过程

1.5XL-2 螺旋分选机结构

5XL-2 螺旋分选机(以下简称螺旋分选机)主要由进料斗、分离器、机壳等组成,见图 4-17。
(1)进料斗内部装有分料板。
(2)分离器由焊接在立轴上的多层平行螺旋槽组成。
(3)机壳由支架、侧壁、上盖、出料口等组成。

2. 工作过程

以清选大豆种子为例说明。大豆种子经进料斗的分料板均匀喂入到分离器的各层螺旋槽内,沿螺旋面由上向下滚动时,由于种子和异形杂质运动速度不同,即种子滚动速度快、离心力大,抛出螺旋槽,由出料口排出。异形杂质在中间只滑动不滚动,离心力最小,沿立轴下落到杂质出口排出。见图 4-17。

(二)螺旋分选机性能指标

螺旋分选机主要性能指标见表 4-20。

表 4-20　螺旋分选机主要性能指标

项目	指标
生产率/(t/h)	≥2.0
异形杂质清除率/%	≥75
损失率/%	≤4

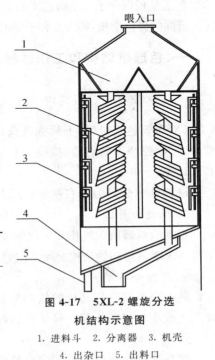

图 4-17　5XL-2 螺旋分选
机结构示意图
1. 进料斗　2. 分离器　3. 机壳
4. 出杂口　5. 出料口

（三）使用及维护

（1）分离器可多组串联使用，分离器数量的多少决定生产率的大小。

（2）正常工作时应保持稳定喂入量，喂入量过大，分离效果差；喂入量过小，生产率低。

（3）作业完成后或更换品种前应清理分离器。

（四）故障分析及排除方法

螺旋分选机常见故障分析及排除方法见表4-21。

表 4-21   螺旋分选机常见故障分析及排除方法

序号	故障现象	产生原因	排除方法
1	杂质排出不畅	杂质出口堵塞	清理杂质出口
2	除杂率低	喂入量过大	调整喂入量
3	分离器堵塞	原料种子杂质多	清除原料种子中杂质
4	生产率低	喂入量过小	调整喂入量

第八节   种子色选

色选是根据种子与杂质色泽的差异进行分选的方法。主要用于清除风选、筛选和重力分选都无法清除的异色杂质，如大豆种子中的黑大豆，红小豆种子中的白小豆等。常用设备为色选机。

一、色选机结构和工作过程

（一）5XSX-3色选机结构

5XSX-3色选机（以下简称色选机）由进料部分、振动给料器、色选分离室、信息处理箱、斜槽通道、电控装置喷射器、接收斗和清除斗等部分组成，见图4-18。

1. 进料部分

进料部分分隔为左右两室，分别接收种子与一次分选后的不合格种子。

2. 振动给料器

振动给料器由四组相互独立的振动簸斗组成，每组簸斗分别为6组通道供料。二次喂料簸斗与一次喂料簸斗的结构有所不同，其料落入有6条分叉的支管，分别对应6条二次色选通道。

3. 色选分离室

色选分离室是色选机的核心部分，主要包括照明灯管组合箱、基准背景箱、喷气嘴清扫装置及接收斗和清除斗等。种子在该部位完成色选。

4. 信息处理箱

信息处理箱是色选机的中央处理室，完成信号放大，提供喷射器何时清除不合格种子的信

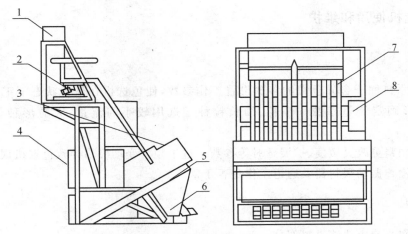

图 4-18　5XSX-3 色选机结构示意图

1. 进料部分　2. 振动给料器　3. 色选分离室　4. 信息处理箱　5. 清除斗　6. 接收斗　7. 斜槽通道　8. 电控装置

息,沟通振荡器、色选通道、基准背景控制之间的联动等操纵、管理工作。

5. 斜槽通道

通道由 24 条互相平行的狭长不锈钢 V 形管组成,安装时与水平面的夹角呈 63°。每 6 条 V 形管为一组,每组 V 形管的座板上均装有一个 100 W 的加热器。通道可以保证种子以一定速度、一定的厚度、均匀有序地送入色选室,以达到最高异色粒清除率和产量。

6. 电控装置

电控装置由总振荡器开关、总电源开关等组成。一般位于设备的中右部位,便于操作。

(二)色选机工作过程

当含有异色杂质的种子由进料斗经振动给料器输送到对应的通道,沿通道均匀下落,进入选别区域,并在光电探测器、基准色板之间通过。当异色杂质通过色选区域时,信号值超出基准色板的设定区域值时,中控室命令喷射系统驱动该通道的喷嘴动作,压缩空气将异色杂质吹出,落入清除斗,而正常种子在通过色选区域时,信号差值在基准色板设定区域值内,喷射系统喷嘴不动作,种子会沿原来方向继续下落进入接收斗,成为合格种子,完成色选过程。

二、色选机性能指标

色选机主要性能指标见表 4-22。

表 4-22　5XSX-3 色选机主要性能指标

项目	指标
异色杂质清除率/%	≥70
一次带出比[1]	≥1 : 2
二次带出比[2]	≥8 : 1

注 1. 是指第一次分选后杂质中不合格种子与合格种子的重量之比。
　　2. 是指第二次分选后杂质中不合格种子与合格种子的重量之比。

三、色选机使用和维护

(一)操作

(1)根据原料种子含异色粒的多少设置工作参数,使色选机在最佳状态下工作。根据原料种子的粒形确定流量参数。小粒、细长粒种子选用较小的流量;大粒形种子选用较大流量。

(2)不宜频繁更改灵敏度、扩展延时等参数。过于频繁变动极易导致色选机误动作。

(3)经常检查振动喂料器及通道工作是否正常。

(二)维护

(1)每班作业前应清洁进料部分。

(2)定期检查操作控制设定值、喷射器的空气压力及检测系统。

(3)定期检查紧固件是否牢靠。

(4)检查易损件如过滤器、振荡器弹簧、荧光灯管等,如有损坏及时更换。

(三)保养

(1)作业前后应用压缩空气喷吹色选机。

(2)保持振动给料器、通道、喷射阀等通畅,做到无异物、无积尘。

(3)每季度应更换一次荧光灯管。

(四)故障分析及排除方法

色选机常见故障分析及排除方法见表 4-23。

表 4-23　色选机常见故障、产生原因及排除方法

序号	故障现象	产生原因	排除方法
1	色选失效	灵敏度太低	调整灵敏度
		荧光灯管故障	更换荧光灯管
2	单侧分选质量差	刮灰器失效,清灰气缸故障	更换刮灰器及清灰气缸
3	两侧通道分选质量差	荧光灯管两端发黑	更换荧光灯管
		调光板变形	校正或更换调光板
4	分选质量持续下降	分选室内前后玻璃板上粉尘积聚过多	擦去粉尘
		刮灰器清灰差	检查刮灰器
		荧光灯管老化	更换荧光灯管
		灵敏度、调光板、流量等参数变化	重新调整参数

续表 4-23

序号	故障现象	产生原因	排除方法
5	分选指示及喷嘴动作异常	荧光灯管损坏	更换荧光灯管
		分选方式选择错误	重新选择分选方式
		荧光灯管电源损坏、熔断器断路	更换电源板及熔断器
		调光板不动作	维修调光板
		调光板灵敏度过高	调整调光板灵敏度

第九节 种子清选机试验方法

种子清选机试验方法包括种子清选机的性能试验方法和生产试验方法。是对种子清选机的使用操作以及性能检测的方法。

本试验方法适用于气流清选机、圆筒初清筛、风筛式初清机、风筛式清选机、重力式分选机、重力式去石机、窝眼筒分选机、带式分选机和色选机。

一、试验条件准备

1. 清选机和辅助设备

(1)清选机应符合随机技术文件或产品使用说明书要求,并按表 4-24 规定的试验用种子配备清选工作部件。

(2)为清选机上料和出料用的提升机、输送机等辅助设备的生产率应与清选机相匹配。

(3)气流清选机、圆筒初清筛、风筛式初清机、风筛式清选机及重力式分选机应配备集尘或除尘设备。

2. 场地

(1)试验场地应便于清选机和辅助设备安装、调试及种子贮存运输。

(2)室外试验环境条件应符合清选机适应性要求。

3. 种子

(1)试验用种子应符合表 4-24 规定。

表 4-24 试验用种子

清选机名称	种子	种子水分/%	净度/%	主要杂质
气流清选机	小麦或玉米	≤20.0	92.0～95.0	轻杂
圆筒初清筛(双筒)	小麦或玉米	≤20.0	92.0～95.0	大杂、小杂、轻杂
风筛式清选机	小麦或玉米	≤16.0	96.0～98.0	大杂、小杂、轻杂

续表 4-24

清选机名称	种子	种子水分/%	净度/%	主要杂质
重力式分选机	白菜或萝卜	≤10.0	96.0～97.0	轻杂、重杂
	小麦或玉米	≤16.0	97.0～98.0	
重力式去石机	白菜或萝卜	≤10.0		并肩石
窝眼筒分选机	小麦	≤16.0		长杂
	水稻			短杂
带式分选机	大豆	≤13.0		异形杂质
色选机	大豆	≤13.0		异色杂质

(2)试验用种子应是同一来源、同一品种、同一收获期、收获质量基本一致的种子。

4. 仪器、仪表、计量设备

(1)试验用仪器、仪表应在试验前检定或校准,并在有效期内。

(2)计量清选机喂入和排出种子质量及清除物质量应选用高准确度的自动或非自动电子衡器。使用前先检定,偏差应在允许范围内。

5. 人员

(1)按清选机随机技术文件要求配备操作人员。

(2)按试验测定内容配备试验人员,并应熟练掌握清选机试验方法。

6. 测定记录表格

按试验测定内容制定并填写表格,也可直接使用计算机软件制表记录试验测定数据。

(1)清选机技术特性登记表。

(2)试验用种子质量登记表。

(3)空载试验测定数据记录表。

(4)性能指标测定数据记录表。

(5)生产考核班次记录表。

(6)可靠性考核记录表。

(7)生产查定班次记录表。

二、性能试验

(一)性能试验要求

(1)试验测定应不少于 3 次,试验测定结果分别计算。

(2)性能试验一般应测定以下各项指标:①纯工作小时生产率。②千瓦小时生产率。③清选后种子净度或含杂率、获选率。④清除物含种率(清除物中符合种子质量要求的种子质量分数)或清选损失率。

(3)还应按表 4-25 分别测定其他性能指标。

表 4-25 其他性能指标

清选机名称	性能指标
气流清选机	清选每吨种子消耗风量、轻杂清除率
圆筒初清筛	筛片面积生产率、大杂清除率
风筛式清选机	筛片面积生产率、清选每吨种子消耗风量、杂质清除率
重力式分选机	轻杂清除率、重杂清除率
窝眼筒分选机	筒壁面积生产率、长杂清除率或短杂清除率
带式清选机	部件生产率、异形杂质清除率
色选机	单道（单元）生产率、异色杂质清除率

（4）测定前应先做好试验调整工作，性能测定期间不应再进行调整。

（5）试验测定时如出现某项目漏测，应再按规定程序重新试验测定，不应单独补测某项。

（二）取样

（1）清选前取样，在清选机喂入口处接取。一次试验取样 3 次，在试验期间等间隔进行，每次取样质量应符合以下样品处理要求。

（2）清选后取样，在清选机主排出口接取。一次试验取样 3 次，与清选前取样同步进行，每次取样质量应符合以下样品处理要求。

（三）样品处理

（1）将清选前 3 次接取的样品配制混合样品，从混合样品中分出送验样品，测定计算出清选前种子净度或含杂率。

（2）将清选后 3 次接取的样品配制混合样品，从混合样品中分出送验样品，测定计算出清选后种子净度或含杂率。

（四）测定

（1）以风筛式清选机清选小麦或玉米种子为例说明试验测定全过程和试验测定结果计算。

（2）启动风筛式清选机空运转 10～20 min 后测定以下项目：①主风机气流速度。②前后吸气道最大气流速度和最小气流速度。③下吹风机转数、气流速度。④筛箱振动频率、振幅。⑤整机空载功率。

（3）启动风筛式清选机和上料、出料提升机及输送机，喂入准备好的试验用种子，按使用说明书规定调整到标定生产率及正常工作状态。稳定运行 5～10 min，按人员分工，做好试验测定准备。

（4）试验测定程序：①同步进行以下测定：开始计时；开始计量风筛式清选机用电量；开始人工或自动计量喂入种子质量（或各杂余口清除物质量）和主排出口排出种子质量。②10 min 后按规定取样。③测定主风机和下吹风机风量。

（5）第一次试验测定结束后整理以下数据：①试验结束时间和第一次试验测定时间间隔。②风筛式清选机耗电量。③喂入种子质量（或各杂余口清除物质量）和主排出口排出种子质量。④数据整理完成后准备第二次试验。

（五）试验测定结果计算

（1）纯工作小时生产率（用数值关系式表示，以下相同）

$$E_c = \frac{W_q/1\,000}{T_c}$$

式中：E_c——纯工作小时生产率的数值，单位为吨每小时（t/h）；

　　W_q——测定期间喂入种子质量的数值（或主排出口排出种子质量的数值与各杂余口清除物质量的数值之和），单位为千克（kg）；

　　T_c——测定时间间隔的数值，单位为小时（h）。

（2）千瓦小时生产率

$$E_q = \frac{W_q/1\,000}{Q}$$

式中：E_q——千瓦小时生产率的数值，单位为吨每千瓦小时[t/(kW·h)]；

　　Q——测定期间风筛式清选机耗电量的数值，单位为千瓦小时（kW·h）。

（3）筛片面积生产率

$$E_s = \frac{E_c}{S}$$

式中：E_s——筛片面积生产率的数值，单位为吨每平方米小时[t/(m²·h)]；

　　S——风筛式清选机筛片总面积的数值，单位为平方米（m²）。

（4）清选每吨种子消耗风量

$$E_f = \frac{G}{E_c}$$

式中：E_f——清选每吨种子消耗风量的数值，单位为立方米每吨（m³/t）；

　　G——风筛式清选机主风机和下吹风机风量的数值之和，单位为立方米每小时（m³/h）。

（5）清选后种子净度　可直接取上述样品处理结果或按下式计算：

$$\alpha = \frac{W - W \times \eta}{W} \times 100\%$$

式中：α——清选后种子净度数值用%表示；

　　W——测定期间风筛式清选机主排出口排出种子质量的数值，单位为千克（kg）；

　　η——清选后种子含杂率数值用%表示。

（6）获选率

$$\beta = \frac{W \times \alpha}{W_q \times \alpha_q} \times 100\%$$

式中：β——获选率，数值用%表示；

　　α_q——清选前种子净度，数值用%表示。

（7）杂质清除率

$$\gamma = \frac{W_q \times \eta_q - W \times \eta}{W_q \times \eta_q} \times 100\% = \left(1 - \frac{W \times \eta}{W_q \times \eta_q}\right) \times 100\%$$

式中：γ—杂质清除率，数值用%表示；

η_q—清选前种子含杂率，数值用%表示。

（8）清除物含种率

$$\delta = \frac{W_q \times \alpha_q - W \times \alpha}{W_q - W} \times 100\%$$

式中：δ—清除物含种率，数值用%表示。

如不计算获选率按下式计算清选损失率：

$$\varepsilon = \frac{W_q \times \alpha_q - W \times \alpha}{W_q \times \alpha_q} \times 100\% = \left(1 - \frac{W \times \alpha}{W_q \times \alpha_q}\right) \times 100\%$$

式中：ε—清选损失率，数值用%表示。

三、生产试验

（一）试验要求

（1）生产试验的风筛式清选机应不少于2台，生产试验时间应不少于300 h。

（2）能清选多种作物种子的风筛式清选机，至少试验两种以上作物种子。

（二）生产试验内容

1. 生产考核

（1）按标定的生产率进行清选作业时，测定、记录以下各类时间：①班次时间，包括作业时间和非作业时间。②非班次时间。③总延续时间。

（2）测定记录每班次作业期间喂入种子质量。

2. 可靠性考核

（1）生产考核期间，记录统计首次故障前工作时间、每次故障停机时间、故障次数。

（2）分析、记录故障危害程度和处置方法。

3. 生产查定

（1）生产试验过程中应对清选机进行至少3个连续班次生产查定，每个查定班次时间不少于6 h。

（2）生产查定应按规定准确测定每个查定班次内各类时间，并查定喂入种子质量、耗电量及所需人工。

（三）可靠性指标计算

1. 使用有效度

$$\kappa = \frac{\sum T_z}{\sum T_z + \sum T_g} \times 100\%$$

式中：κ—使用有效度，数值用%表示；

T_z—生产考核期间每班次作业时间间隔的数值，单位为小时（h）；

T_g—生产考核期间每班次故障停机时间间隔的数值，单位为小时(h)。

2. 平均故障间隔时间

$$T_{mbf} = \frac{\sum T_z}{\gamma}$$

式中：T_{mbf}—平均故障间隔时间的数值，单位为小时(h)；

γ—生产考核期间发生故障停机次数。

(四)主要技术经济指标计算

1. 班次小时生产率

$$E_{bs} = \frac{\sum W_{bk}}{\sum T_b}$$

式中：E_{bs}—班次小时生产率的数值，单位为吨每小时(t/h)；

W_{bk}—生产考核期间每班次作业时间喂入种子质量的数值，单位为吨(t)；

T_b—生产考核期间每班次时间间隔的数值，单位为小时(h)。

2. 班次生产率

$$E_b = \frac{\sum W_{bc}}{n}$$

式中：E_b—班次生产率的数值，单位为吨每班；

W_{bc}—生产查定期间每班次喂入种子质量的数值，单位为吨(t)；

n—生产查定班次数。

3. 清选成本

$$C = \frac{\sum (F_d + F_g)}{\sum W_{bc}}$$

式中：C——清选每吨种子直接成本的数值，单位为元每吨；

F_d——生产查定期间每班次用电费的数值，单位为元；

F_g——生产查定期间每班次人工费的数值，单位为元。

4. 根据需要还可以计算出作业小时生产率、标定功率生产率等

四、试验报告

试验结束后应将性能试验、生产试验测定计算结果进行核实整理汇总，并写出试验报告。

试验报告应包括下列内容：①试验用清选机技术特征。②试验条件。③性能试验结果及分析。④生产试验结果及分析。⑤结论。⑥负责试验单位、人员。⑦应附的试验数据、图、表及相应说明。

应用案例

种子清选设备产品型号编制规则

种子加工设备较多，尤其是种子清选设备更是繁杂多样。了解种子加工设备产品型号的

编制规则,对更好地理解种子加工设备的特点、生产率主参数等性能指标,特别是在实际应用中规范种子加工设备产品的型号有着重要的作用。

本章讲过的种子清选设备可分为三类:初清用清选机、基本清选用清选机和精选机。

初清用清选机包括:垂直气流分选机(以下简称气流分选机)、圆筒初清筛、风筛式初清机等。

基本清选用风筛式清选机。

精选机包括:重力式分选机、重力式去石机、窝眼筒分选机、带式分选机、螺旋分选机和色选机等。

按以下方法表示上述种子清选设备的产品型号。

一、清选设备产品型号表示方法

产品型号是用字母和数字表示具体产品技术特征的代号。种子清选设备产品型号由印刷体大写汉语拼音字母、大写拉丁字母和阿拉伯数字(数值或数)组成。

组成内容排列顺序如下:

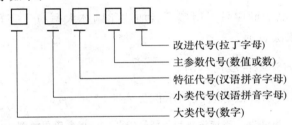

（一）大类代号

大类代号指农机具产品分类代号。种子加工机械设备产品大类代号为5。

（二）小类代号

小类代号指种子加工机械产品的分类代号。其中种子清选设备的小类代号为X。

（三）特征代号

特征代号指同小类产品不同特点的代号。特征代号选用产品附加名称1~2个特征代表字的汉语拼音第1~2个字母表示,并符合以下条件:

(1)不与已经规定的同小类产品特征代号重复。

(2)不与同小类其他产品特征代号混淆。

(3)不宜选用I、O两个字母。

(4)某些通用或常用产品可不加特征代号。如风筛式种子清选机、小麦种子加工成套设备。

(5)特征代号选用示例见表4-26。

表 4-26　特征代号选用示例

序号	产品名称	附加名称	代表字	汉语拼音	特征代号
1	风筛式清选机	风筛式	—	—	—
2	重力式分选机	重力式	重	ZHONG	Z
3	螺旋分选机	螺旋	螺	LUO	L

（四）主参数代号

主参数指产品的主要性能参数或主要结构参数，由阿拉伯数字表示的数值或数和单位符号组成。主参数代号用主参数的数值或数表示。有两个或两个以上主参数，在主参数代号间用/分隔。

主参数代号选用示例见表 4-27。

表 4-27　主参数代号选用示例

序号	产品名称	主要性能或主要结构参数	主参数	数值或数	主参数代号
1	带式分选机	生产率 2 t/h	2 t/h	2	2
2	窝眼筒分选机	生产率 5 t/h	5 t/h	5	5
3	色选机	生产率 3 t/h	3 t/h	3	3

（五）改进代号

改进代号指改进产品的顺序号。用型号后加注印刷体大写拉丁字母表示，改进顺序从拉丁字母 A 开始按顺序依次表示。

二、产品型号编制方法综合应用示例

清选设备产品型号表示方法综合应用示例见表 4-28。

表 4-28　清选设备产品型号编制方法综合应用示例

序号	产品名称	大类代号	小类代号	特征代号	主参数代号	改进代号	产品型号
1	垂直气流清选机	5	X	QC	5		5XQC-5
2	圆筒初清筛	5	X	T	50		5XTQ-50
3	风筛式清选机（第一次改进）	5	X	—	5	A	5X-5A
4	重力式分选机	5	X	Z	5		5XZ-5
5	重力式去石机	5	X	QS	5		5XQS-5
6	窝眼筒分选机	5	X	WT	3		5XWT-5
7	带式分选机（第二次改进）	5	X	D	7	B	5XD-7B
8	螺旋分选机	5	X	L	3		5XL-3
9	色选机	5	X	SX	3		5XSX-3

其他种子加工设备产品型号表示方法参照清选设备产品型号表示方法，一些种子加工设备产品型号表示方法见表 4-29。

表 4-29　其他种子加工设备产品型号编制方法综合应用示例

序号	产品名称	大类代号	小类代号	特征代号	主参数代号	改进代号	产品型号
1	玉米脱粒机	5	T	Y	5		5TY-5
2	水稻种子除芒机	5	CM	D	3		5CMD-3
3	蔬菜种子刷清机	5	SQ	C	5	A	5SQC-5A
4	种子磨光机	5	MG	Z	5		5MGZ-5
5	棉花种子泡沫酸式脱绒成套设备	5	TR	MP	5		5TRMP-5
6	混流式种子干燥机	5	H	H	10		5HH-10
7	圆筒筛分级机	5	F	T	3		5FT-3
8	平面筛分级机	5	F	P	5	B	5FP-5B
9	大豆种子加工成套设备	5	ZT	D	3		5ZTD-3

本章小结

种子清选的目的就是根据种子与杂质物理特性差异为清除原理,选择合理的分选方法和适合设备清除各类杂质。杂质是种子中混入的其他物质、其他植物种子及按要求应淘汰的被清选作物种子,分为大杂和小杂、长杂和短杂、重杂和轻杂或并肩石、异形杂质、异色杂质五类。

利用杂质与种子籽粒宽度或厚度尺寸差异、选择筛选法。选用振动筛清除大杂、小杂,大杂清除率大于或等于 85%,小杂清除率大于或等于 70%。或选用风筛式清选机清除大杂、小杂和轻杂,清选后的种子净度可达 97.0%以上。

利用杂质与长粒种子长度尺寸差异选择长度分选法。选用窝眼筒分选机清除长杂或短杂,长杂清除率大于或等于 80%,短杂清除率大于或等于 90%。

利用杂质与种子悬浮速度或相对密度差异选择风选法或重力式分选法。选用气流清选机清除轻杂,轻杂清除率大于或等于 70%,选用重力式分选机清除轻杂、重杂,轻杂清除率大于或等于 85%,重杂清除率大于或等于 75%。选用重力式去石机清除并肩石,并肩石清除率大于或等于 95%。

利用杂质与种子形状差异选择形状分选法。选用带式分选机或螺旋分选机清除异形杂质,异形杂质清除率大于或等于 75%。

利用杂质与种子颜色差异选择色选法。选用色选机清除异色杂质,异色杂质清除率大于或等于 95%。

经过清选加工后的种子含杂率大大降低,这对于种子的安全贮藏与运输及后续的种子分级、包衣、定量包装等加工工序奠定了良好基础。

思考题

1. 简述农作物种子杂质清除原理。

2．简述风筛式清选机主要清除哪些杂质。

3．简述重力式分选机主要清除哪些杂质及杂质清除率。

4．窝眼筒分选机清除长杂和短杂有什么不同？

5．风筛式清选机、重力式分选机以及窝眼筒分选机的常见故障、原因及排除方法是什么？列表简要进行比较。

6．除常用的风筛选、重力分选以及窝眼分选外，其他分选方法还有哪几种？并简要介绍其他几种分选方法。

第五章 种子尺寸分级

知识目标
- ◆ 理解种子尺寸分级含义。
- ◆ 了解玉米种子尺寸分级条件。

能力目标
- ◆ 学会玉米种子尺寸分级方法和分级操作步骤。
- ◆ 熟悉并掌握圆筒筛分级机和平面筛分级机的结构、工作过程及使用与维护方法。

第一节 玉米种子尺寸分级

尺寸分级是对玉米种子进行精加工,按种子籽粒尺寸范围将种子分成不同尺寸级别。同一级别的种子籽粒形状整齐,尺寸一致,可按籽粒数量进行包装、销售,实现精量播种。

一、玉米种子尺寸分级条件

(一)分级种子

(1)分级用种子纯度应大于或等于95.0%,发芽率应大于或等于85%,水分应小于或等于13.0%。

(2)经过基本清选、精选,净度应大于或等于99.0%。

(3)按种子籽粒长度尺寸分级,应选用长粒种子,即$a>2b$(a为长度,b为宽度)。长度尺寸范围能满足分级要求。

(4)按种子籽粒宽度、厚度尺寸分级,要求玉米种子籽粒的长度、宽度和厚度尺寸差异明显,即$a>b>c$。宽度、厚度尺寸范围能满足分级要求。

(二)分级设备

1. 窝眼筒分级机
窝眼筒分级机可以选用单筒或多筒组合并联或串联使用,窝眼尺寸应符合分二级或分三级要求。

2. 平面筛分级机

平面筛分级机应配备足够的筛板,筛孔形状、尺寸应符合分二级或分三级要求。

3. 圆筒筛分级机

圆筒筛分级机选用双筒或多筒组合分级机,配备足够的圆筒筛,筛孔形状、尺寸应符合分二级或分三级要求。

二、分级数量方法

(一)按种子籽粒长度尺寸分级

1. 分二级

分二级指长粒、短粒。

利用长度分选法,使用单筒或双筒并联窝眼筒分级机。窝眼尺寸大于短粒种子尺寸范围的上限、小于长粒种子尺寸范围的下限,分出了二级即长粒、短粒。

2. 分三级

分三级指长粒、中粒和短粒。

利用长度分选法,使用双筒串联窝眼筒分级机。第一筒窝眼尺寸大于短粒种子尺寸范围的上限,小于中粒种子尺寸范围的下限,即分出了短粒。中粒和长粒种子进入第二筒,第二筒窝眼尺寸大于中粒种子尺寸范围的上限,小于长粒种子尺寸范围的下限,又分出了中粒、长粒,共三级,即长粒、中粒和短粒。

(二)按种子籽粒宽度尺寸分级

1. 分二级

分二级指大圆(宽)、小圆。

利用筛分法,使用圆孔筛。筛孔尺寸大于小圆种子尺寸范围的上限,小于大圆种子尺寸范围的下限。分出了二级即筛上为大圆、筛下为小圆。

2. 分三级

分三级指大圆、中圆和小圆。

利用筛分法,使用圆孔筛。筛孔尺寸大于中圆种子尺寸范围的上限,小于大圆种子尺寸范围的下限,即分出了大圆,再用筛孔尺寸大于小圆种子尺寸范围的上限,小于中圆种子尺寸范围下限的筛板,分出中圆、小圆。共三级即大圆、中圆和小圆。

(三)按种子籽粒厚度尺寸分级

1. 分二级

分二级指大扁(厚)、小扁。

利用筛分法,使用长孔筛。筛孔尺寸大于小扁种子尺寸范围的上限,小于大扁种子尺寸范围的下限,分出了二级即筛上为大扁、筛下为小扁。

2. 分三级

分三级指大扁、中扁和小扁。

利用筛分法,使用长孔筛。筛孔尺寸大于中扁种子尺寸范围的上限,小于大扁种子尺寸范围的下限,即分出了大扁,再用筛孔尺寸大于小扁种子尺寸范围的上限、小于中扁种子尺寸范围下限的筛板,分出中扁、小扁。共三级即大扁、中扁和小扁。

(四)按种子籽粒宽度、厚度尺寸分级

1. 分四级

分四级指大圆、大扁、小圆、小扁。

利用筛分法,使用圆孔筛,按上述方法先分出大圆、小圆;再使用长孔筛从大圆、小圆种子中分出大扁、小扁。共四级即大圆、大扁、小圆和小扁。

2. 分六级

分六级指大圆、大扁、中圆、中扁、小圆、小扁。

利用筛分法,使用圆孔筛按上述方法先分出大圆、中圆和小圆;再使用长孔筛从大圆、中圆和小圆种子中分出大扁、中扁和小扁,共六级即大圆、大扁、中圆、中扁、小圆和小扁。

以上分级方法在实际应用时,应将分出的筛上物大圆、中圆或大扁、中扁级种子,按原分级筛孔形状、尺寸再筛分一次,使分级种子合格率大于或等于85%。

三、分级操作步骤和方法

(1)根据种子市场需求和玉米种子籽粒形状、尺寸特性,首先应确定按种子籽粒长度尺寸分级或按宽度和厚度尺寸分级,分几级及每级的尺寸范围。

(2)根据分级数量,确定窝眼筒组合或平面筛筛板组合或圆筒筛筛筒组合。

(3)根据每级种子尺寸范围的上限或下限,确定窝眼筒窝眼尺寸或平面筛、圆筒筛筛孔形状和尺寸。

(4)按确定的窝眼尺寸或筛孔形状尺寸进行分级试验,检验分级合格率和每级种子净度及每级种子所占的质量分数。

(5)按分级数量和每级种子所占的质量分数、选择分级仓数量和容积。

(6)按分级机额定生产率,进行正常分级作业。

四、分级成品种子质量要求

分级后各级成品种子所占的质量分数应符合预先设计要求,分级合格率应符合以下要求:

(1)各级成品种子分级合格率均应大于或等于85%。

(2)各级成品种子净度均应大于或等于99.0%。

第二节　平面筛分级机

平面筛分级机具有分级数量多,分级合格率高的特点,一般多用于种子加工成套设备。

一、5FPY-5 平面筛分级机结构

5FPY-5 平面筛分级机(以下简称平面筛分级机)主要由进料装置、传动机构、筛分部分和

机架等部分组成,见图 5-1。

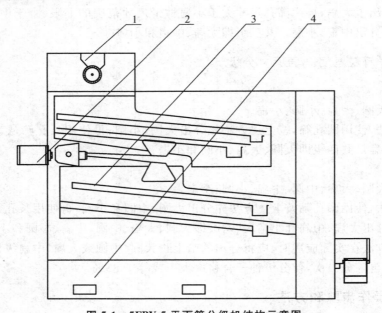

图 5-1　5FPY-5 平面筛分级机结构示意图
1. 进料装置　2. 传动机构　3. 筛分部分　4. 机架

1. 进料装置

进料装置由进料斗、喂料辊、进料间隙调节机构等组成。

2. 传动机构

传动机构选用三角带传动,由电机通过三角带驱动曲柄连杆机构使筛箱做往复运动。

3. 筛分部分

筛分部分有上、下两个筛箱 4 层筛板组成,结构与风筛式清选机相同。

二、平面筛分级机工作过程

以分三级为例说明。

(一)筛板和底板配置

1. 筛板配置与筛孔尺寸确定

第一层筛和第二层筛采用并联方式,第三层筛和第四层筛也为并联。第一层和第二层的筛孔尺寸相同,第三层筛和第四层筛筛孔尺寸也相同。筛孔形状均采用圆孔筛或长孔筛。

第一层和第二层筛孔尺寸大于中圆(扁)种子尺寸范围的上限,小于大圆(扁)种子尺寸范围的下限。第三层和第四层筛孔尺寸大于小圆(扁)种子尺寸范围的上限,小于中圆(扁)种子尺寸范围的下限。

2. 底板和出料口的配置

(1)第一、二层筛板安装筛上物排料口。

(2)第一、三层筛板安装可拆卸底板,第一层筛板的可拆卸底板后端安装延长板。

(3)第一、二层筛板不安装筛下物排料口,第三、四层筛板安装筛下物排料口。筛板、底板和出料口配置,见图 5-2。

(二)工作过程

由进料装置喂入的种子经第一层筛板前端分料器均分到第一层、第二层筛板上,筛分后的筛上物分别由第一层、第二层筛上物排料口排出为大圆或大扁;筛下物经滑板汇集后由导料板导入第三层筛板前端的分料器,经分料器均分到第三层、第四层筛板上,筛分后筛下物由第三层、第四层筛下物排料口排出为小圆或小扁;筛上物汇集后由主排料口排出为中圆或中扁,见图 5-2。

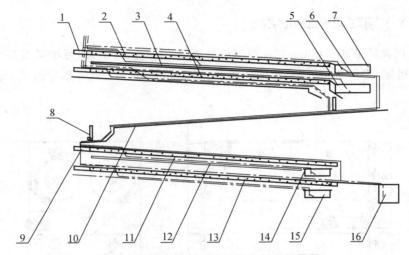

图 5-2　分三级筛板和底板及排料口配置图

1. 分料器　2. 第一层筛板　3. 第一层可拆卸底板　4. 第二层筛板　5. 第二层筛上物排料口

6. 第一层可拆卸底板延长板　7. 第一层筛上物排料口　8. 导料板　9. 分料器　10. 滑板

11. 第三层筛板　12. 第三层可拆卸底板　13. 第四层筛板　14. 第三层筛下物排料口

15. 第四层筛下物排料口　16. 主排出口

使用圆孔筛,分三级即大圆、中圆和小圆。使用长孔筛,分三级即大扁、中扁和小扁。

三、平面筛分级机与分级仓配置

平面筛分级机与分级仓有三种配置连接方式,以分三级为例说明。

(1)将分级机安装在一字形排列的三个分级仓顶部的平台上,分级机的三个出料口直接与分级仓的入仓口连接,分级仓的三个出仓口与一条输送机连接,先一个仓出料,待下一个仓装满后再切换。由于仓容较小,只能在 5 t/h 以下的种子加工成套设备采用。

(2)在加工线旁路或在加工车间外安装三个贮仓(一般 100 t 以上),分级机三个出料口的分级种子分别经过三条输送机和提升机进入贮仓,三个贮仓的出仓口分别用三条输送机与分级后工序连接。这种方式运行方便,适用于大型种子加工厂使用。

(3)分级机后不再设置分级仓,而是分别连接三台包衣机和定量包装机。

第三节　圆筒筛分级机

圆筒筛分级机具有结构简单、运转平稳、清筛方便、消耗动率小等特点,可以单台使用也可以多组或多台串联并联使用。

一、5FTY-5 圆筒筛分级机结构

5FTY-5 圆筒筛分级机(以下简称圆筒筛分级机)采用四筒组合,可串联或并联使用,由筛筒传动机构、机架、进料机构、筛外物输送装置、筛筒组合、清筛装置等部分组成,见图5-3。

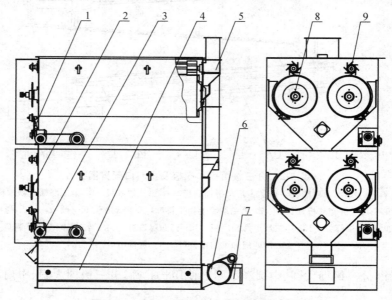

图 5-3　5FTY-5 圆筒筛分级机结构示意图

1. 筛筒传动机构　2. 半轴牙嵌离合器　3. 筛内物出口　4. 机架　5. 进料机构
6. 筛外物输送装置　7. 筛外物出口　8. 筛筒组合　9. 清筛装置

1. 筛筒传动机构

筛筒传动机构主要由链轮、链条、张紧轮、摩擦轮等组成,通过摩擦轮旋转带动筛筒转动。

2. 半轴牙嵌离合器

牙嵌离合器通过离合器齿爪的啮合,既传递动力,又能锁紧,松开离合器还可方便地更换筛筒。

3. 进料机构

进料机构采用“之”字形均料板组合,通过调节螺杆,改变均料板间隙,实现均匀分料,使四筒的进料量一致。

4. 筛外物输送装置

利用筛外物自重汇总到输料槽,采用振动输送将筛外物排到机外一端。根据加工线实际配置需要,筛外物出料槽可实现左右互换,改变筛外物的输送方向。

5. 筛筒组合

筛筒组合由筛筒和辐盘组成。筛筒为整筒焊合式用螺栓固定在辐盘上,筛筒的筛孔采用圆锥形圆孔或波纹形长孔。

6. 清筛装置

清筛装置是在圆筒筛外缘紧贴筛面装配的清筛辊,清筛辊与筛筒逆向差速旋转,清除筛孔堵塞物。

二、圆筒筛分级机工作过程

圆筒筛分级机采用四个筛筒并联见图5-3,一次作业可将种子分为两级。在作业时,由"之"字形进料机构将种子均分到四个并联的筛筒内,种子沿着旋转筛筒的内壁上升,当上升到一定高度后又落下,如此往复,连续进入筛筒内的种子受推进和自流作用,逐步向筛筒另一端的出口移动。在上升、下落及向筛筒另一端移动过程中,宽度或厚度尺寸小于筛孔尺寸的种子被筛出筒外,落入配置在筛筒下部的振动输送槽被排至筛外物出料口排出;而大于筛孔尺寸的种子随着筛筒旋转被移动到筛筒的另一端经筛内物出料口排出,分出了二级。

筛孔形状为圆孔时,筛内物为大圆、筛外物为小圆;筛孔形状为长孔时,筛内物为大扁、筛外物为小扁。

选择多机串联或并联使用可将种子分为若干级。

三、圆筒筛分级机使用

(一)安装

根据种子加工厂工艺流程的需要,一般把圆筒筛分级机安装在分级贮仓前。为了更换筛筒方便,圆筒筛分级机两端须留有1 m以上空间。用水平仪检查其水平度,不得倾斜。

(二)筛筒转速调整

筛筒的转速应根据分级种子不同进行调整,可根据需要配备不同直径的链轮,更换链轮可达到变速的目的。

(三)进料机构调整

通过调整"之"字形均料板间隙,将种子均匀的喂入四个筛筒,实现均匀分料。

(四)操作要求

(1)使用前应先进行试运转10～15 min,筛筒转向应与筛筒旋转标志的指向一致,检查各连接部位,不得有松动和卡、碰、擦等异常响声。

(2)试运转正常后方可进料,喂入量应保持均匀。

（3）发生故障时应立即停机检查，故障排除后再重新开机使用。

（4）作业完成后应首先停止喂入，待分级种子完全排出后再停机。

四、圆筒筛分级机维护保养与故障排除

（一）维护与保养

（1）每次作业前，应检查所有紧固件。

（2）筛筒、清筛装置等易损件应定期检查，及时更换。

（3）按使用说明书要求，定期对各润滑点进行润滑。

（4）作业结束后检查并清理筛筒及其他工作部件。

（二）故障分析与排除方法

圆筒筛分级机常见的故障分析及排除方法见表 5-1。

表 5-1　圆筒筛分级机常见的故障分析及排除方法

序号	故障现象	发生原因	排除方法
1	清筛效果不好	清筛装置磨损	更换清筛装置
2	各筛筒喂入不均匀	进料间隙不一致	调整进料间隙
3	小圆或小扁级种子分级合格率低	分级流程不合理	调整分级流程

应用案例

玉米种子分级操作实例

以下为吉林省某种业公司进行玉米种子分级的实例。

一、公司现有分级条件

（一）玉米种子

（1）玉米种子品种是吉东 38，发芽率大于 85%，水分不大于 13.0%，千粒重为 370 g。

（2）经过基本清选和重力分选，净度大于 99.0%。

（二）分级设备

（1）5FPY-5.0 平面筛分级机，配有 $\varphi 12$ 和 $\varphi 7$ 两种圆孔筛板。

（2）备有配套设备输送机和分级仓等。

二、尺寸分级要求

1. 分级数量

按玉米种子籽粒宽度尺寸分三级，即大圆、中圆和小圆。

2. 分级种子宽度尺寸范围

(1)φ12 mm 圆孔筛筛上物为大圆级种子。

(2)φ12 mm 圆孔筛筛下物,φ7 mm 圆孔筛筛上物为中圆级种子。

(3)φ7mm 圆孔筛筛下物为小圆级种子。

3. 分级种子合格率

各级种子分级合格率应符合表 5-2 要求。

4. 各级种子所占比例

(1)中圆级种子应大于或等于 70%。

(2)小圆级种子不大于 20%。

(3)大圆级种子不大于 10%。

中圆级种子按籽粒数量包装,大圆和小圆级种子按质量包装。

三、分级方法

(一)筛板配置

(1)第一、三层用 φ12 mm 圆孔筛。

(2)第二、四层用 φ7 mm 圆孔筛。

(二)底板和排料口配置

(1)第一层、二层筛板筛上物排料口不安装。

(2)第二层、四层筛板安装下排料口。

(3)第一层、三层筛板可拆卸底板不安装。

(4)第一层筛板后端装延长底板,第二层筛板后端粉料器不安装,第三层筛板前端分料器垂直安装。

(三)分级过程

1. 大圆级种子

经过一次筛分的第一层筛板筛上物,通过不可拆卸底板进入第三层筛板进行第二次筛分,筛上物由第三层筛板上排料口排出,即为大圆级种子。

2. 中圆级种子

第一层筛板的筛下物落入第二层筛板,筛分后筛上物经第二层可拆卸底板直接进入第四层筛板,第三层筛板的筛下物也落入第四层筛板,进行第二次筛分,筛上物由第四层筛板上排料口排出,即为中圆级种子。

3. 小圆级种子

第二层筛板和第四层筛板的下排料口收集到的种子,即为小圆级种子。

分级过程见图 5-4。

四、分级种子合格率及检验

(1)分级种子合格率见表 5-2。

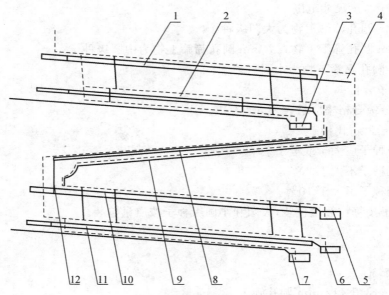

图 5-4　分级过程示意图

1. 第一层筛板　2. 第二层筛板　3. 第二层筛板下排料口　4. 延长板　5. 第三层筛板上排料口
6. 第四层筛板上排料口　7. 第四层筛板下排料口　8. 可拆卸滑板　9. 不可拆卸滑板
10. 第三层筛板　11. 第四层筛板　12. 分料器

表 5-2　分级种子合格率　　　　　　　　　　　　　　　　　　　　　　　　　%

种子级别	合格率
大圆级	≥85
中圆级	≥85
小圆级	≥95

（2）参照第九章第二节进行检验。

本章小结

尺寸分级是按玉米种子籽粒尺寸范围不同采用不同分级设备将种子分成不同尺寸级别的加工工序。同一级别的种子籽粒形状整齐，尺寸一致，可按籽粒数量进行包装、销售，实现精量播种。分级用种子净度应大于或等于99.0％、纯度应大于或等于95.0％、发芽率应大于或等于85％、水分应小于或等于13.0％，各级成品种子分级合格率均应大于或等于85％。根据不同分级条件和不同尺寸范围的种子采用的分级设备有窝眼筒分级机、平面筛分级机和圆筒筛分级机等。不同尺寸范围的种子分级类型如下：

按种子籽粒长度尺寸分级：要求玉米种子籽粒的长度和宽度尺寸差异明显，即 $a>2b$（a 为长度，b 为宽度）。长度尺寸范围能满足分级要求，多采用窝眼筒分级机进行分级，窝眼筒分级机可选用双筒或多筒组合并联或串联使用。窝眼尺寸应符合分二级、三级或分多级要求。

按种子籽粒宽度、厚度尺寸分级：要求玉米种子籽粒的长度、宽度和厚度尺寸差异明显，即

$a>b>c$。宽度、厚度尺寸范围能满足分级要求，一般采用圆筒分级机或平面筛子分级机。平面筛分级机应配备筛板，筛孔形状、尺寸应符合分二级、三级或分多级要求；圆筒筛分级机选用双筒或多筒组合分级机，配备圆筒筛，筛孔形状、尺寸应符合分二级、三级或分多级要求。

思考题

1. 什么是玉米种子尺寸分级？常用的分级设备有哪些？
2. 简述玉米种子尺寸分级的方法。
3. 简述玉米种子尺寸分级操作步骤和方法。
4. 简述平面筛分级机的结构与工作过程。
5. 简述圆筒筛分级机的结构与工作过程。

第六章 种子包衣

知识目标
◆ 理解种衣剂的作用原理和种衣剂理化特性。
◆ 了解种衣剂类型和成分及安全使用方法。

能力目标
◆ 能够根据不同类型种子包衣机结构特点,在作业过程中调试不同药种比。
◆ 熟悉种子包衣概念及种子包衣机的性能指标、结构和工作过程,掌握安全操作使用方法与维护要求。
◆ 了解种子丸化概念及种子制丸机的性能指标、结构和工作过程,学会安全操作使用方法与维护要求。

第一节 种衣剂

一、种衣剂概念

种衣剂是一种用于种子包衣的新制剂,主要由杀虫剂、杀菌剂、复合肥料、微量元素、植物生长调节剂、缓释剂和成膜剂或黏着剂等加工制成的复合型制剂。

种衣剂以种子为载体,借助于成膜剂或黏着剂附在种子上,很快固化为均匀的、具有一定强度和通透性的一层药膜,不易脱落。播种后种衣剂对种子形成一个保护屏障,吸水后膨胀,不会马上被溶解,随种子萌动、发芽、出苗成长,其有效成分逐渐被植株根系吸收,传到幼苗植株各部位,对地上地下病虫害起到防治作用,促进幼苗生长,增加作物产量。

种衣剂不同于一般的拌种剂或浸种剂,它被包在种子上能立即固化成膜为种衣,不需长时间晾晒和干燥处理。播入土中种衣遇水只能吸胀,几乎不被溶解流失,对种子安全无害,药肥缓释,有效期长,利用率高。

二、种衣剂类型

种衣剂一般分为农药型、复合型、生物型和特异型。

(1)农药型　其主要成分是高效低毒的农药,主要用于防治种子和土壤病虫害。

(2)复合型　该种衣剂是为防病促进生长等多种目的而设计的复合配方类型。种衣剂中化学成分包括农药、微肥、植物生长调节剂等,国内使用的种衣剂多属于这种类型。

(3)生物型　根据生物菌类之间的拮抗原理,筛选有益的拮抗菌,抵抗有害病菌的繁殖、侵害从而达到防病目的。从环保角度看,开发天然、无毒、不污染土壤的生物型种衣剂是发展方向。

(4)特异型　特异型种衣剂是根据不同作物和目的而专门设计的种衣剂类型。

三、种衣剂成分和理化特性

(一)种衣剂成分

种衣剂成分主要包括有效活性成分和非活性成分。

1. 有效活性成分

是对种子和作物生长发育起作用的主要成分。如杀菌剂主要用于杀死种子上的病菌和土壤病菌,保护幼苗健康生长;微肥主要用于促进种子发芽和幼苗植株发育。植物生长调节剂主要用于促进幼苗发根和生长,如在潮湿寒冷土地播种时,种衣剂中加入萘乙烯可防治冰冻伤害;在种衣剂中加入半透性纤维素类可防止种子过快吸胀损伤;在靠近种子的内层加入活性炭、滑石粉和肥土粉,可防止农药和除草剂伤害;在种衣剂中加入过氧化钙,种子吸收后放出氧气,可促进幼苗发根和生长。

2. 非活性成分

种衣剂除了有效活性成分外,还需要有其他配用助剂,以保持种衣剂的理化特性。这些助剂包括成膜剂、悬浮剂、抗冻剂、防腐剂、酸度调整剂、胶体保护剂、渗透剂、黏度稳定剂、扩散剂和警戒色染料等。

(二)种衣剂理化特性

(1)合理的细度　细度是成膜性好坏的基础,种衣剂细度要求为 $2\sim4~\mu m$。

(2)适当的黏度　黏度是种衣剂黏着在种子上牢固度的关键。黏度小,分层沉淀严重;黏度大,展开性差,包衣效果不好。不同种子因表面平滑度不同,其动力黏度也有所不同。一般要求在 $150\sim400$ mP·s 之间,如玉米种子要求 $50\sim250$ mP·s,小麦、大豆要求 $180\sim270$ mP·s。

(3)适宜的酸度　酸度影响种子发育和贮藏期的稳定性,要求种衣剂为微酸性至中性,一般 pH 6.8~7.2 为宜。

(4)高纯度　纯度是指所用原料的纯度,要求有效成分含量要高。

(5)良好的成膜性　成膜性是种衣剂的又一关键特性,要求能迅速固化成膜,种子不粘连,不结块。

(6)种衣牢固度　种子包衣后,膜光滑,不易脱落。牢固度的大小用种衣脱落率表示,一般种衣脱落率不超过药剂干重的 $0.5\%\sim0.7\%$。

（7）良好的缓解性　种衣剂能透气、透水，有吸湿性。播种后吸水很快膨胀，但不立即溶于水，缓慢释放药效，药效一般维持 45～60 d。

（8）良好的贮藏稳定性　冬季不结冰，夏季有效成分不分解，一般可贮存 2 年。

（9）对防治对象的高安全性和生物活性　经包衣后的种子发芽率和出苗率应不低于未包衣的种子。

四、种衣剂的安全使用方法

（1）种衣剂不能同敌稗等除草剂同时使用，如先使用种衣剂，需 30 d 后才能再使用敌稗。如先使用敌稗，需 3 d 后才能播种包衣种子，否则容易发生药害或降低种衣剂的效果。

（2）种衣剂在水中会逐渐水解，水解速度随 pH 及温度升高而加快，所以不要和碱性农药或肥料同时使用，也不能在盐碱较重的地方使用，否则容易分解失效。

（3）检验包装有无破损、漏洞。严防种衣剂处理的种子被儿童或禽畜误食后中毒。

（4）包衣人员应穿防护服，戴橡胶手套和口罩。

（5）包衣时不能吃东西、喝水，不能徒手擦脸、眼，以防中毒，工作结束后用肥皂洗净手脸。

（6）装过包衣种子的包装袋，严防误装粮食及其他食物、饲料，应将包装袋深埋或烧掉，以防中毒。

（7）盛过包衣种子的盆、篮子等，必须用清水洗净后再作他用，严禁再盛食物。洗盆和篮子的水严禁倒在河流、水塘、井池边，可以将水倒在树根、田间，以防人或畜、禽、鱼中毒。

（8）出苗后，严禁用间下来的秧苗喂牲畜。

（9）农药型种衣剂包衣水稻种子时，注意防止污染水系。

（10）因种衣剂中毒的死虫、死鸟应集中处理，严防家禽、家畜食用以免二次中毒。

第二节　种子包衣和包衣机

使用种子包衣机将种衣剂按规定药种比均匀地包敷在种子表面，称作种子包衣或包膜。种子包衣技术主要用于大粒和中粒种子，如玉米、大豆、小麦和水稻等。种子经过包衣后，能够减少用种量、防治病虫害、推进植株成长、消减污染等。

一、5B-5 种子包衣机的结构和工作过程

（一）5B-5 种子包衣机结构

5B-5 种子包衣机（以下简称包衣机）主要由供种装置、供药系统、种子与药液混合装置、搅拌筒、操作控制装置和机架组成，见图 6-1。

（1）供种装置由料斗、叶轮及料位传感器组成，可通过变频器来改变叶轮喂料器转速，调节喂入量，实现精确供种。

（2）供药系统由药液桶、计量泵、输药管等组成。

（3）种子与药液混合装置由种子甩盘、药液甩盘，电机、雾化室和包敷室组成。

（4）搅拌筒内装有一个可拆卸的搅拌轴，通过搅拌使包膜种子在筒内不停地翻转并沿轴向移动，进一步扩大包敷面积和均匀包膜厚度，最后排出。搅拌轴可拆卸，方便进行清洗。在搅拌轴出料口处设有传感器，用于监测搅拌轴运转情况，当出现堵塞时在电控柜上有红灯报警提示。

（5）操作控制装置以触摸屏和 PLC 可编程控制器为核心，与料位传感器及其他辅助电器等一起构成智能化监控系统，可实现生产率及药种比在线修改、药种计量精度的校正、运行状况的监测和故障报警及保护性关机等控制。

(二)包衣机工作过程

种子由叶轮喂料器喂入，经种子甩盘使种子呈伞状均匀抛撒下落进入雾化室和包敷室，与此同时精确计量的种衣剂经药液甩盘雾化后，包敷至均匀下落的种子表面。然后初步包衣的种子进入搅拌筒，在搅拌轴作用下使种衣剂进一步均匀包敷在种子表面，最后从出料口排出，完成种子包衣过程，见图 6-1。

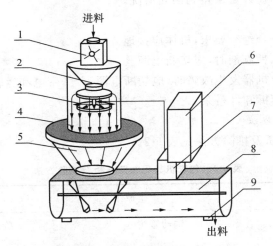

图 6-1 5B-5 种子包衣机工作过程示意图

1. 供种装置 2. 种子甩盘 3. 药液甩盘 4. 雾化室 5. 包敷室
6. 操作控制装置 7. 供药系统 8. 搅拌筒 9. 机架

二、包衣机性能指标

以包衣小麦为例，种子包衣机性能指标见表 6-1。

表 6-1 种子包衣机性能指标

项目	指标
药种比	1∶100
包衣合格率/%	≥95
破碎率/%	≤0.1

三、包衣机使用和维护

1. 作业前准备

(1)种子包衣机应保持机身平稳,检查各部件轴承是否加注润滑油脂。

(2)将供药液桶底部的排液阀门关闭,注入药液达 3/4 桶高度,打开进入计量泵的阀门。

2. 供种供药调整

(1)调整供种装置叶轮转速,达到标定生产率(供种量)。

(2)根据药种比要求,调整计量泵的流量,达到所需的供药量即可进行正常包衣作业。

3. 维护保养

(1)更换药剂时应对整个包衣机进行清洗。

(2)使用 1～2 年应更换可编程序控制器的电池。

(3)作业结束后必须彻底清洗一次。具体方法:放净药液桶和输药管中药液,在药液桶中加入清水不断循环清洗,使计量泵得到彻底清洗。

4. 安全操作要求

(1)动力线无破损符合绝缘要求,机体应接地。

(2)向药液桶内加入种衣剂时,应切断电源。

(3)停电、中途断电、机器发生故障时,应切断电源,严禁带电和运转时排除故障。

(4)非专业人员严禁拆卸计量泵。

5. 故障分析及排除方法

包衣机常见故障分析及排除方法见表 6-2。

表 6-2　包衣机常见故障分析及排除方法

序号	故障现象	产生原因	排除方法
1	计量泵不启动	输药管堵塞	疏通输药管
2	喂入不均匀连续	叶轮喂料器故障	检修叶轮喂料器
3	药液雾化效果差	供药量过大 甩盘转速过低	调整供药量 调整甩盘转速
4	包衣种子不合格	种子喂入量过大	调整喂入量
		搅拌不均匀	检修搅拌机构
		药种比不正确	重新设定药种比

第三节　种子丸化和制丸机

使用种子制丸机将制丸剂包裹在种子表层,制成形状大小基本一致的球形种子单位,称作种子丸化。种子丸化技术主要用于小粒种子,如白菜、葱类和油菜等。种子经过丸化后,能明显地改变种子形状和增大种子体积,甚至能使种子体积增大几倍。种子丸化通常用于籽粒较小、外形不规则的种子,丸化后使小粒种子变大,变均匀,有利于机械播种,对病、虫、草、鼠害的防治亦具有良好效果。

制丸剂主要包括活性部分、填充材料、着色剂和黏合剂四部分。活性部分主要有杀菌剂、杀虫剂、抗生素、化肥、植物生长调节剂等,作用同种衣剂。填充材料主要有黏土、硅藻土、铝凡土、石膏、活性炭、纤维素、磷矿粉、水溶性多聚物,这些材料不仅是填充,还同时起保护种子和改良土壤作用。着色剂主要有胭脂红、柠檬黄、淀蓝等,作为识别标志和警戒色。黏合剂主要有甲基纤维素、乙基纤维素、聚乙烯醇、聚乙烯醋酸纤维素、阿拉伯胶、藻胶、树胶和琼脂等。

一、5WH-5 种子制丸机结构和工作过程

(一)5WH-5 种子制丸机结构

5WH-5 种子制丸机(以下简称制丸机)主要由制丸部分、粉状制丸材料输送机构、干燥部分、排风部分、电控装置、液体制丸材料输送机构、机架、振动出料机构组成,见图 6-2。

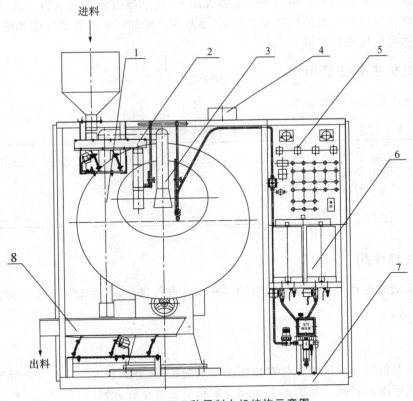

图 6-2 5WH-5 种子制丸机结构示意图
1.制丸部分 2.粉状制丸材料输送机构 3.干燥部分 4.排风部分
5.电控装置 6.液体制丸材料输送机构 7.机架 8.振动出料机构

1. 制丸部分
由回转罐、回转罐支架、减速箱和电机等组成,是制丸机主要工作部件,用于丸化种子。

2．液体制丸材料输送机构

由压力泵、储液桶、电磁进水阀、中间储液罐、电磁出水阀、喷头以及管路组成，用于输送喷洒液体制丸材料以雾状喷洒在种子上。

3．粉状制丸材料输送机构

由料斗、振动给料器组成，用于输送粉状制丸材料。

4．干燥部分

主要由烘干机、加热系统组成，用于除去丸化种子表面多余水分。

5．排风部分

由排风机、排风管道等组成，用于排出制丸机内的湿热空气和粉尘。

（二）制丸机工作过程

种子进入匀速转动的回转罐，至回转罐下方不停地转动，液体制丸材料输送机构向罐内喷洒雾状制丸材料，待种子表面潮湿后，粉状制丸材料输送机构向罐内加入少量粉料，粉料均匀地包裹种子表面，形成以种子为核心的小球。然后再喷入雾状带有黏合剂的液体制丸材料，再加入粉料。液体制丸材料和加粉料要少量多次加入，直至接近要求的丸粒。最后再次向罐内喷雾状制丸材料及投入更细的粉料和着色剂，通热风以增加丸粒外壳的圆度和坚实度，待丸粒硬化后经振动出料机构排出机外。

二、制丸机主要性能指标

制丸机主要性能指标见表 6-3。

表 6-3　制丸机主要性能指标

项目	指标
丸化单粒率/%	≥95
丸化有籽率/%	≥95
丸化单粒抗压力/N	≥1.5

三、制丸机使用

制丸机喷液和送粉可选用手动或自动两种模式进行操作，以手动调节模式为例说明。

（一）手动操作

1．开机前的准备

将粉状制丸材料和液体制丸材料按配比要求配备好，分别装入料斗和 3 个储液桶内，液体制丸材料应先经滤网过滤。检查各工作部分的状态是否良好，做好各项调整工作，如有异常现象，应立即排除。

2．开机与操作

开机前先将电控装置上的手动、自动转换开关旋转至手动位置，启动回转罐，打开储液桶内的搅拌电机，液体制丸材料输送机构开始供液，待回转一定时间后将种子喂入回转罐内，打开粉状制丸材料输送机构开始送粉，制丸机进入正常工作状态，供液、送粉交替进行。供液量、送粉量及间隔运转时间均由人工控制。

3. 出料

丸化后的种子大体干燥后,停止运转各电机,将回转罐上的出料口旋至下方,启动振动出料机构进行出料。

4. 干燥

种子丸化完毕后,停止电磁进水阀和高压无气泵,打开烘干风机和排风机,接通加热系统,此时对丸化过的种子进行干燥,湿热气体由排风机排出机外。关闭加热系统,烘干风机只供冷风。

5. 清理

出完料后,将液体制丸材料经放水阀全部放掉,加入清洁的温水,启动高压泵将液体制丸材料输送系统(包括 3 个储液桶)冲洗 3～5 min,防止电磁阀粘结而不能正常工作。并清理干净其他部分,工作场所打扫清洁。

(二)自动操作

转换开关旋至自动位置,供液、送粉和试运转时间均按事先设置好的自动运行,其他操作参照手动调节模式。

(三)调整

1. 回转罐转速的调整

将电控装置上的变频器(参照变频器说明书)调整到所需频率,转速显示器上显示所需转速即可。

2. 回转罐角度的调整

转动回转罐后面的调整手轮,将角度调整到所需位置。不同的种子采用不同的角度。

四、制丸机维护保养与故障排除

1. 维护保养

(1)每 3 个月全面检查一次,确保各运转部分转动灵活,如发现问题应及时修复。

(2)每个作业季节结束后,应进行全面维护保养。

(3)制丸车间应经常保持良好的通风、干燥和防尘。

2. 制丸机故障分析及排除方法

制丸机故障分析及排除方法见表 6-4。

表 6-4 制丸机故障分析及排除方法

序号	故障现象	产生原因	排除方法
1	粉料过多	供粉过多或供液不足	减少送粉时间或增加供液时间
2	丸粒化种子湿度过大	供液过多	减少供液时间
		干燥部分或排风部分故障	检修干燥部分或排风部分
3	丸粒化种子结团	供液浓度大或用量多	降低供液的浓度和减少供液量
		粉料黏性大	降低粉料黏度
		供液雾化不好	更换喷嘴

续表 6-4

序号	故障现象	产生原因	排除方法
4	供液不畅	液体物料输送机构故障	检修液体物料输送机构
5	送粉不畅	粉状物料输送机构故障	检修粉状物料输送机构

应用案例

种子包衣机操作步骤

通常情况下种子包衣机的操作按以下步骤进行。

一、一般要求

（一）种子

（1）小麦、玉米种子净度应大于或等于 99.0%，大豆、水稻种子净度应大于或等于 98.0%。

（2）小麦、玉米、水稻种子水分不大于 13.0%，大豆种子水分不大于 12.0%。

（3）种子温度不低于作业环境温度。

（二）种衣剂

（1）应选用取得农药登记证和生产许可证的合格产品。

（2）应适合秋季和春季包衣作业，并符合以下要求：①低温条件下（不低于 10℃），物理性状无明显变化，不影响药效和包衣质量。②农药型种衣剂黏度一般要求在 150～270 MP·s 之间。③薄膜牢固，脱落率不大于 0.5%。

（3）包衣后经发芽试验，确认不降低发芽率方可使用。

（三）包衣机和附属设备

（1）包衣机应是符合相关标准规定的合格产品。

（2）成套设备的包衣机应配备成膜仓或包衣干燥机。

（四）作业环境

作业场所环境温度不低于 10℃，相对湿度不大于 75%。

（五）操作人员

按使用说明书要求配备操作人员和辅助人员。

二、操作技术要求

（一）操作工艺指标

（1）供种量应符合使用说明书标定的生产率。

（2）按规定药种比调节供种量偏差不大于 ±5%，供药量偏差不大于 ±3%。

（3）主要粮食作物种子包衣合格率应符合表 6-5 规定。

（4）自然成膜或成膜仓内成膜时间不大于 20 min，加热条件下成膜时间 2～4 min。

（5）包衣后若采取加热干燥处理，使用农药型种衣剂热风温度不大于 45℃，其中大豆种子热风温度不大于 30℃；生物型种衣剂热风温度不大于 35℃。

（6）破碎率不大于 0.1%。

（二）操作步骤和方法

（1）依次启动包衣机甩盘、搅拌装置、喂入装置、药液筒和计量泵电机，试运行 5～10 min，检查各部位有无振动、异常声音及轴承温升，输液管道有无泄漏。

（2）确认包衣机试运行正常后，喂入调试用种子（不供药），调节进料斗开度或叶轮转速，通过增减喂入量，使供种量符合标定生产率，偏差在允许范围内。

（3）在包衣机进料口、排料口取样，检验破碎率。

（4）开启供药阀门启动计量泵，通过调节计量泵流量，使供药量符合药种比，偏差在允许范围内。

（5）按调试好的供种量和供药量供种、供药。通过调节雾化装置和搅拌装置使包衣合格率符合表 6-5 规定。

（6）实时检查供种量、供药量和包衣种子质量。

（7）停机时依次关闭进料提升机、进料装置、药液筒、计量泵、甩盘电机，待包衣种子排空后关闭搅拌装置电机。

（8）若采用包衣后加热干燥处理，则开机时应先启动包衣干燥机，停机时最后停止包衣干燥机。

（9）每更换一次种子、种衣剂或包衣作业结束，应清理机内的残液和残留种子。

（三）包衣种子质量及检验

（1）主要粮食作物包衣合格率见表 6-5。

表 6-5　主要粮食作物包衣合格率　　　　　　　　　　　　　　　　　　　　　%

作物	包衣合格率	作物	包衣合格率
小麦	≥95	水稻	≥88
玉米	≥95	大豆	≥94

（2）可参照第九章第二节种子加工成套设备主要性能指标和试验测定方法进行检验。

本章小结

种衣剂是一种用于种子包衣的新制剂，种衣剂以种子为载体，借助于包衣机和丸化机的工序以一定的药种比例将种衣剂均匀、牢固地包裹在种子表层，形成具有一定强度和通透性的一层药膜，不易脱落，播种后种衣剂对种子形成一个保护屏障，吸水后膨胀，不会马上被溶解，随种子萌动、发芽、出苗成长，有效成分逐渐被植株根系吸收，传到幼苗植株各部位，使幼苗植株对种子带菌、土壤带菌及地上地下害虫起到防治作用，促进幼苗生长，增加作物产量。目前使用种子包衣机已成为种子加工中重要的工序。

种子包衣作业是把种子喂入包衣机内，通过机械作用把种衣剂均匀地包裹在种子表面的过程。即种子和药液按一定的药种比计量的同时下落，在下落的过程中药液在雾化装置中被雾化后喷洒在种子上，对其初步包膜，然后种子经过搅拌筒搅拌进一步包敷均匀后由出料口排出。

种子丸化是利用黏着剂或成膜剂，将杀菌剂、杀虫剂、染料、填充剂等非种子物质黏着在种子外面。通常做成大小和形状上没有明显差异的球型单粒种子单位，种子的体积和重量都有增加,千粒重也随着增加。种子丸化主要适用于如葱类、白菜、油菜和甜菜等种子,以便于精量播种。

思考题

1. 种衣剂可以分为哪几种类型?
2. 简述种衣剂的主要成分。
3. 简述种衣剂的安全使用方法。
4. 简述种子包衣机的主要结构、工作过程与性能指标。
5. 简述种子制丸机的主要结构、工作过程与性能指标。

第七章 种子定量包装

知识目标

◆ 理解种子包装的概念和内容。

◆ 了解种子常用包装机的原理及其包装方法。

◆ 掌握种子定量包装机的结构及工作过程。

能力目标

◆ 能够根据包装材料和包装规格的特点选择包装容器。

◆ 能够掌握半自动定量包装机和全自动定量包装机的工作原理、操作过程、一般性故障排除和维护保养方法。

第一节 种子包装

包装是指商品在流通过程中为保护商品、方便储运、促进销售,并按一定的技术方法而采用的容器、材料和辅助物等的总体名称。对于种子加工来说,包装也指为了达到上述目的而采用容器、材料和辅助物过程中对种子施加一定技术方法的操作活动。

种子包装可防止种子混杂、病虫害感染、吸湿回潮,减缓种子劣变,保持种子活力,提高种子商品特性,保障种子安全运输、贮藏,方便种子销售。

一、种子包装技术要求

(一)种子

(1)包装种子纯度、净度、发芽率、水分应符合国家种子质量标准规定。

(2)防潮密闭容器包装蔬菜种子水分上限应符合表7-1要求。

(3)包衣种子包衣合格率、脱落率应符合相关标准规定,保质期应大于种子贮藏期。

表 7-1　防潮密闭容器包装蔬菜种子水分上限　　　　　　　　　%

蔬菜种子	水分上限
菠菜	8.0
四季豆、菜豆、胡萝卜、豌豆	7.0
洋葱、韭菜	6.5
黄瓜、南瓜、茄子	6.0
莴苣、番茄	5.5
白菜、荠菜、甘蓝、花椰菜	5.0
辣椒	4.5

（二）包装机具

（1）全自动包装机应能完成成形、充填、封口、输送等主要工序。

（2）半自动包装机应在其他机具或人工辅助供料和包装容器条件下，完成充填、封口等主要工序。

（3）带定量自动秤的包装机应能完成计量、充填、封口、输送等主要工序。

（三）包装材料和包装容器

（1）包装材料应美观、经济、实用，便于加工、印刷或喷码，能够回收再利用或自然降解。

（2）材质轻、强度高、抗冲击、不易破损，清洁、无毒、防潮、防滑、耐捆扎。

（3）包装容器外形美观，商品性好，便于充填、封缄和装卸，贮藏、运输所占空间小，堆码稳定牢固。

（4）包装容器规格、尺寸符合定量包装不同净含量要求。

（四）包装质量或数量的确定

（1）根据市场需求和包装类型，综合考虑不同作物、不同品种、苗床面积或大田播种面积等因素，确定每种包装的质量或数量。

（2）确定包装质量或数量还应适合包装容器的规格、尺寸。

（3）方便运输、销售和用户使用。

（五）包装标志和标签及编码

（1）在包装容器（包装袋）上方印制或贴挂国家标准统一规定的种子包装标志。

（2）按农业部发布的《农作物种子标签管理办法》规定，在包装容器表面加标种子标签。

（3）在包装容器表面印制条形码或二维码、电子标签，种子加工企业和销售企业建立可追溯系统，实现种子加工企业、销售企业和种子用户之间信息共享，达到防伪和防窜货目的。

（4）包装标志、标签和编码可印制或用喷码机直接喷在包装容器表面。

此外，进行种子包装必须预测市场需求，做到按需包装，避免盲目包装造成不必要的经济损失。同时还要避免过度包装造成资源浪费,增加成本及用户负担。

二、包装方法

目前包装主要有按种子质量包装和按种子籽粒数量包装两种方法。多数农作物种子都采用按质量包装,根据农业生产规模、播种面积和用种量进行包装。杂交水稻每袋1～5 kg,玉米每袋5～10 kg,蔬菜每袋4 g、8 g、20 g、100 g、200 g等不同的包装。随着种子质量提高和精量播种需要,对比较昂贵的蔬菜种子采用按数量包装,如每袋100粒或200粒等。玉米种子也有按数量包装,每袋数千粒。为适应按种子质量和数量包装需要,种子包装机械也有相应类型。

三、包装方式

根据农作物种类和品种的特性及销售、运输、贮藏条件选择适当的包装方式。

(1)多数农作物种子采用袋装。

(2)少数高价蔬菜种子或作为品种资源保存的种子采用罐装、盒装或瓶装。

(3)少数需防湿包装的蔬菜种子采用密闭容器包装。

(4)小包装件再包装可采用箱装。

第二节　种子销售包装

销售包装是指以销售为主要目的,与内装种子一起到达用户手中的包装,具有保护、美化、宣传种子、促进销售的作用。

一、销售包装容器和包装规格

(一)包装容器

(1)粮食作物种子销售包装主要用纸袋、聚乙烯袋、聚丙烯袋和铝箔复合袋。

(2)蔬菜种子销售包装主要用小纸袋、聚乙烯铝箔复合袋和金属罐等。

(二)包装规格

(1)粮食作物种子销售包装规格主要有6种,每种包装袋尺寸和净含量见表7-2。

表7-2　粮食作物种子销售包装规格

编号	1号包装袋	2号包装袋	3号包装袋	4号包装袋	5号包装袋	6号包装袋
宽×长/ (mm×mm)	141.6×203.5	170.4×244.9	240.0×345.0	300.0×431.2	367.2×527.8	504.4×724.5
净含量/kg	0.5	1.0	2.5	5.0	10.0	25.0

（2）蔬菜种子销售包装有 4 g、8 g、10 g、20 g、50 g、100 g、200 g 等多种规格。

二、准确度等级和允许偏差

包装件计量准确度等级为 X(0.2)，包装件的净含量与其标注的质量允许偏差见表 7-3。

表 7-3 包装件的净含量与其标注的质量允许偏差

净含量 M/g	负 偏 差	
	净含量的质量分数/%	g
M≤50	1.80	
50<M≤100		0.90
100<M≤200	0.90	
200<M≤300		1.80
300<M≤500	0.60	
500<M≤1 000		3.00
1 000<M≤10 000	0.30	
10 000<M≤15 000		30.0
M>15 000	0.20	

三、包装袋封口

（1）1 号、2 号纸袋折叠封口，3～6 号纸袋采用粘合封口或机械封口。
（2）聚乙烯、铝箔复合袋采用热合封口。
（3）聚丙烯袋采用缝合封口。

四、种子标签和编码

（1）在包装袋表面加标种子标签。
（2）在包装袋表面加标二维码。

五、包装件存放

包装种子虽然具有一定的保护功能，仍要注意安全存放。

包装件应存放在干燥通风处，不得日晒、雨淋和受潮，仍要防虫、防鼠。按农作物种类、品种分区存放，包衣种子要单独存放。存放时间不应超过 3 个月，如超过 3 个月应按种子贮藏管理。

第三节　种子定量包装和定量包装机

使用定量包装机和同一规格的包装容器，将散装种子按预定量（净含量）包装成质量相等、规格相同的包装件，称作种子定量包装。

　　种子定量包装是种子加工工艺流程最后一道工序,也是必备工序。定量包装机是种子加工成套设备的必选设备,定量自动秤是定量包装机的重要组成部分。

一、定量自动秤

　　定量自动秤又称重力式装料自动秤,是指按预定的计量程序和预定量(净含量)将一批散装物料分成许多质量相等、小份载荷形式并将载荷装入包装容器的一种自动秤。

(一)LCS-5DL 定量自动秤结构

　　LCS-5DL 定量自动秤(以下简称定量自动秤)由进料斗、自动给料装置、计量装置、排料装置、控制装置和机架组成,见图 7-1。

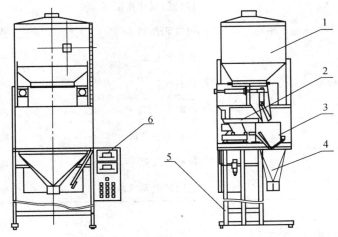

图 7-1　LCS-5DL 定量自动秤结构示意图

1. 进料斗　2. 自动给料装置　3. 计量装置　4. 排料装置　5. 机架　6. 控制装置

(二)定量自动秤工作过程

　　进料斗内的种子通过自动给料装置向计量装置内喂入种子,当计量装置中的种子质量达到预定量时,停止向计量装置喂入。确认包装容器准备好后,由排料装置中的电控装置自动卸下种子并装入包装容器内,即完成一个定量计量周期。

(三)定量自动秤的性能指标

　　LCS-5DL 定量自动秤主要性能指标见表 7-4。

表 7-4　LCS-5DL 定量自动秤主要性能指标

项目	性能指标
准确度等级	X(0.2)
计量范围/kg	2.0~5.0
计量速度/(次/h)	500~600

（四）定量自动秤故障分析及排除方法

定量自动秤常见故障分析及排除方法见表 7-5。

表 7-5　定量自动秤常见故障分析及排除方法

序号	故障现象	产生原因	排除方法
1	电控装置不动作	线路松动接触不良	检修线路
		控制器故障	修理或更换
2	排料门关闭不严	排料门移位	调节排料门
		排料门缓冲片损坏	修理或更换
3	排料门打不开或速度不均匀	电气元件损坏	修理或更换
		连接件松动	紧固连接件
4	准确度不稳定	物料结块	粉碎结块物料
		给料不稳定	调整给料量
		进料系统故障	检修或更换
		控制器故障	检修或更换
		气动控制系统故障	检修或更换

（五）定量自动秤维护

（1）保证计量装置计量传感器的弹性体清洁，防止锈蚀。
（2）承载部件要在维护中保持原来的状态，以免产生附加外力而影响准确度。
（3）经常检查运动部件的情况，避免紧固部件松动、移位。
（4）在一个加工季节结束以后应用高压气体对秤体做彻底的清理。
（5）使用后应用少许润滑油脂擦拭表面电镀处理的零部件，防止锈蚀。

二、全自动定量包装机

全自动定量包装机是带有定量自动秤的自动包装机，或是带有自动包装机构的定量自动秤。

（一）全自动定量包装机结构

全自动定量包装机由定量自动秤、自动包装机和输送机构成。自动包装机包括上袋机、热合封口机，见图 7-2。上袋机由供袋室、取袋、送袋、开袋机构、套袋机构和夹袋放料机构及送袋装置构成。

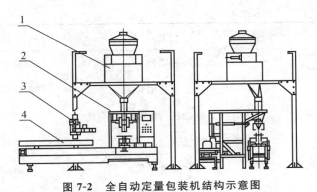

图 7-2 全自动定量包装机结构示意图
1. 定量自动秤 2. 上袋机 3. 热合封口机 4. 输送装置

(二)全自动定量包装机工作过程

喂入定量自动秤的种子达到预定量后,供袋室中的取袋机构真空吸盘组吸出一个包装袋,取袋机构通过气动夹持机构取走被吸出的包装袋,并拖至开袋工位。开袋机构采用四个对吸的真空吸盘将包装袋口打开。夹袋放料机构将种子放入包装袋并自动把装满种子的包装袋放下。送袋装置接起装满种子的包装袋运送到热合封口机,通过气缸驱动加热块将包装袋口热封合。封合后的包装袋由输送机运送到指定地点,完成一个包装。

(三)全自动定量包装机性能指标

全自动定量包装机主要性能指标见表 7-6。

表 7-6 全自动定量包装机主要性能指标

项目	性能指标
准确度等级	X(0.2)
计量范围/kg	0.1~5.0
包装速度/(包/h)	700~2 200

(四)全自动定量包装机故障分析和排除方法

全自动定量包装机常见故障分析和排除方法见表 7-7。

表 7-7 全自动定量包装机常见故障分析和排除方法

序号	故障现象	产生原因	排除方法
1	计量不准确	供料不稳定	调整给料装置进料量
		计量装置工作不稳定	调整计量装置
		控制器不准确	调整控制器

续表 7-7

序号	故障现象	产生原因	排除方法
2	夹料	下料间隔偏小	调整下料间隔
		计量重量值偏大	重新调整质量值
3	出现空袋现象	取袋机构电线接触不良	重新连接电线
		计量部分出现故障	参考计量设备说明书排除
4	热合封口不严密	封合温度偏低	重新设定温度值
		封合时间较短	调整设定单元封合时间
		计量部分种子质量偏多	调整计量部分种子质量

（五）全自动定量包装机使用维护

（1）各运动部件应定期加注润滑油脂。

（2）定期检查紧固部件是否松动。

（3）作业结束后或更换品种时，应将包装机内部存留种子清理干净。

（4）定期清理封口机封口处的异物。

第四节　种子标签

为加强农作物种子标签和使用说明监督管理，规范种子标签和使用说明的标注和制作行为，维护种子生产经营者、使用者的合法权益，保障种子质量安全，在我国境内销售的农作物种子应当附有种子标签和使用说明，其标注、制作和监督管理等均给出了相关规定。

一、标签内容要求

（一）应当标注的内容

（1）作物种类和种子类别、品种名称；

（2）品种特征特性；

（3）品种适宜种植区域、种植季节；

（4）风险提示；

（5）种子生产经营者名称、注册地地址和联系方式、种子生产经营许可证编号；

（6）质量指标、净含量；

（7）产地、生产年月、检疫证明编号；

（8）信息代码。

（二）应当加注的内容

（1）通过国家审定的主要农作物品种种子,标注国家审定编号;通过两个以上省级审定或者引种的主要农作物品种种子,至少标注种子销售所在地省级品种审定编号或者引种备案编号;授权品种种子,标注品种权号。

（2）以登记农作物品种名义销售的种子,标注品种登记编号。

（3）进口种子,标注进口种子审批文号。

（4）分装种子,标注分装单位名称、地址和联系方式、分装年月。

（5）药剂处理种子,标注药剂名称、有效成分及含量;依据药剂毒性大小,分别注明红色"高毒"并附骷髅标志、"中等毒"并附十字骨标志、"低毒"字样;药剂中毒所引起的症状、可使用解毒药剂的建议等注意事项。

（6）转基因种子,标注"转基因"字样、农业转基因生物安全证书编号和安全控制措施。

（7）认证种子,标注认证标识。

（三）不得标注的内容

（1）在品种名称前后添加容易引起误解的修饰性文字,或者标注与批准品种名称不一致的其他品种名称;

（2）带有夸大宣传、引人误解、虚假的文字描述以及违反广告法、商标法规定的描述;

（3）除种子生产经营者名称以外的其他任何种子企业名称的;

（4）未按《商品种子信息代码规则》擅自产生无法实现可追溯信息代码的;

（5）"××监制"、"××合作"、"××推荐"等非种子生产经营者信息内容的;

（6）对售出种子做出恕不退换、恕不负任何赔偿责任等属于不平等格式条款内容的;

（7）法律、法规禁止标注的其他内容。

另外,种子生产经营者名称、注册地址、种子生产经营许可证编号应与有效农作物种子生产经营许可证载明内容一致;联系方式至少包括以下一项内容:电话、传真、网络联系方式等。

质量特性按照品种纯度、净度、发芽率、水分等指标进行标注。国家强制性种子质量标准对某些作物种子有其他质量指标要求的,应当加注。

净含量是指种子的实际重量或者数量,标注内容由"净含量"（中文）、数字、法定计量单位（kg 或 g）或者数量单位（粒或株）3 部分组成。使用法定计量单位时,净含量小于 1 000 g 的,以 g（克）表示;大于或等于 1 000 g 的,以 kg（千克）表示。

二、标签制作要求

种子标签、使用说明的制作应符合下列要求:

（1）种子标签应当直接印制在不再分割的最小销售单元的种子包装物表面或者印制成印刷品粘贴、固定或者附着在种子包装物外。

（2）固定或者附着在种子包装物外或者不能加工包装种子所制作的印刷品,应当为长方形,长和宽不得小于 12 cm×8 cm。

标注文字除注册商标外,应当使用国家现行规范化汉字。印刷内容应当清晰、醒目、持久,易于辨认和识读。标注的文字、符号、数字的字体高度不得小于 1.8 mm,同时标注的汉语拼音、少数民族文字或者外文的字体应当小于或者等于相应的汉字字体。信息代码不得小于 $1\ cm^2$。

（3）作物种类、种子类别、品种名称、品种审定或者登记编号、适宜种植区域和季节、净含量、种子生产经营者名称、注册地址和联系方式、种子生产经营许可证编号、"转基因"、警示标志应当排在种子标签的主要展示版面。

（4）质量指标、特征特性、产地、生产年月、检疫证明编号、信息代码等其他标注内容可以排在种子标签的次要展示版面。使用说明与种子标签合并印制的，可以排在种子标签的次要展示版面。

（5）认证种子的标签由种子认证机构印制，认证标签没有本办法规定标注内容的，由种子生产经营者另行印制种子标签和使用说明进行标注。

应用案例

可追溯系统功能模块在定量包装中的应用

可追溯系统通常包含以下几个功能模块：

一、制定编码

按照一定的编码机制和计算方法，生成包括产品编码、产品批次、产品单品编码、包装生产线、班组等信息的随机编码。这些编码以条形码、二维码或 RFID 的载体形式附加到包装材料上。由于这些编码是随机的且按一定的软件算法得到，因此具有一定的防伪功能。

二、赋码

赋码过程首先通过相应设备读取、识别商品包装材料（小包装袋、大包装袋、储运托盘）上的条形码、二维码或 RFID 信息，再通过实时网络数据库对这些编码定义产品名称、生产日期、产品批号、包装生产线等产品属性信息，并与上、下级包装编码建立关联，在数据库中建立种子产品的属性。

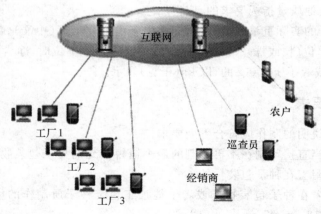

三、查询与管理

种子企业可以通过服务器上的实时网络数据库对不同区域的种子生产、仓储、销售等分支机构进行管理和监控,实现生产、销售过程的可追溯性,通过出库时关联产品的销售区域,实现全程管理。种子用户可使用电话、手机短信、网络等形式,通过网络服务器进行验证,从而辨别种子的真假,实现防伪。

本章小结

　　包装是指在流通过程中为保护商品、方便储运、促进销售,按一定的技术方法而采用的容器、材料和辅助物等的总体名称。目前定量包装主要有按种子质量包装和种子数量包装两种。根据农作物种类和品种的不同特点和销售、运输及贮藏条件选择适当的包装方式。

　　销售包装是指以销售为主要目的、与内装种子一起到达用户手中的包装,具有保护、美化、宣传种子、促进销售的作用。

　　使用定量包装机和同一规格的包装容器,将散装种子按预定量(净含量)包装成质量相等、规格相同的销售包装件,称作种子定量包装。定量自动秤又称重力式装料自动秤,是指按预定的计量程序和预定量(净含量)将一批散装种子分成许多质量相等、小份载荷形式的一种自动秤。

　　全自动定量包装机是带有定量自动秤的自动包装机,或是带有自动包装机构的定量自动秤。

　　我国境内销售的农作物种子附有种子标签和使用说明,对其标注、制作和监督管理给出相关规定。

思考题

　　1. 包装材料和包装容器的要求是什么?

　　2. 主要的包装方法有哪两种?

　　3. 应该怎样选择适当种子包装方式?

　　4. 常用种子包装容器有哪些?

　　5. 包装种子存放应该注意哪些?

　　6. 简述 LCS-5DL 定量自动秤的结构。

　　7. 简述全自动定量包装机的结构以及工作过程。

第八章 移动式种子清选机与联合加工机组

知识目标

◆ 了解移动式种子加工设备的种类和特点。

◆ 掌握常用的由不同功能组合的移动式加工机组。

能力目标

◆ 熟悉并掌握移动式种子风筛清选机、移动式重力分选机的性能指标、结构、工作过程、安全操作要求以及使用与维护方法。

◆ 学会常用的移动式种子加工机组使用与维护方法。

移动式清选机与联合加工机组具有灵活机动可牵引移动等特点,是固定式加工设备的必要补充。两种以上移动式加工设备可组合成联合加工机组和成套设备,完成多工序连续作业。

第一节 移动式风筛清选机

移动式风筛清选机是装在可移动底盘上的风选和筛选设备,又称风筛清选车,可人工或机动车牵引到各作业地点进行清选作业。

一、5XY-5 移动式风筛清选机结构

5XY-5 移动式风筛清选机(以下简称移动式风筛清选机)主要包括上料提升机、风选部分、振动筛和移动底盘等,见图 8-1。

1. 上料提升机

采用斗式提升机,为垂直气流清选机进料。

2. 风选部分

风选部分由垂直气流清选机和除尘器等组成。垂直气流清选机结构与第四章第二节垂直气流清选机相同,除尘器用于收集风选作业产生的粉尘。

3. 振动筛

振动筛主要由机架、筛箱和振动电机组成。筛箱用 4 个橡胶弹簧安装在机架上,初清机型

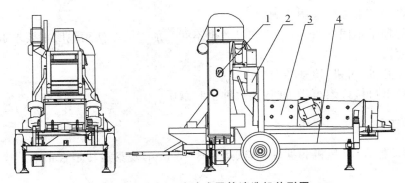

图 8-1　5XY-5 移动式风筛清选机外形图

1. 上料提升机　2. 风选部分　3. 振动筛　4. 移动底盘

筛箱内安装 2 层筛板面,基本清选机型筛箱内多安装 4 层筛板,筛板采用橡胶球清筛。振动筛由安装在振动筛两侧的振动电机驱动。

4. 移动式底盘

由底盘、牵引架、地轮和支撑丝杠等组成,承载风选、筛选各部件,进行车载作业。

二、移动式风筛清选机工作过程

种子通过提升机进入进料箱,在调节装置的作用下,均匀进入垂直气流清选机,在气流作用下,轻杂被气流带出经沉降室沉降,再由轻杂排出口排出。经气流清选后种子均匀进入到振动筛第一层筛板,清除大杂,由大杂排出口排出。筛下物落入第二层筛,清除小杂,由小杂排出口排出,清选后的种子由主排口排出。

三、移动式风筛清选机主要性能指标

移动式风筛清选机一般用于种子初清,移动式风筛清选机主要性能指标见表 8-1。

表 8-1　移动式风筛清选机主要性能指标

项目	指标
生产率/(t/h)	5
除杂率/%	≥96
清选损失率/%	≤3

四、移动式风筛清选机使用和维护

(一)作业前准备

(1)作业场地要求平整、坚固,且有足够的作业面积。

(2)动力电源为 380 V、50 Hz,采用三相四线制。

(3)将移动式风筛清选机移动到作业场地,卸掉运输过程中的紧固件,检查各连接部位,加以紧固后,用自身的支撑丝杠调平固定。

(4)加工的种子不同,筛板的孔形和尺寸也不同。加工前按使用说明书要求选择合适的筛板,并安装牢固。

(5)启动提升机、风机,检查转向是否正确。

(6)在各排出口接好编织袋,准备接收种子和杂质。

(二)试运转

将依次启动提升机、风机和振动筛,试运转 3~5 min,观察运转是否正常。

(三)调整

(1)在确认运转正常后,将种子喂入提升机,通过调整提升机喂入口大小,达到清选机标定的生产率。

(2)垂直气流清选机调整参见第四章第二节。

(3)通过调整振动电机轴线与筛面的夹角,调整筛面振动方向角。

(4)通过调整振动电机两端成对偏心块重合的多少,调整筛面振幅。

(四)维护

(1)移动时应保持机身水平,移动速度应小于 10 km/h。

(2)每班在作业前应检查各连接部位是否有松动,并对各转动部位加注润滑油脂。

(3)检查风机口保护网处是否被杂质堵塞,并采取措施使风机排风畅通。

(4)停机的顺序与开机相反,先停提升机,再停风机,最后停振动电机。

(5)作业结束后或更换品种时,应清理提升机及筛选部分内存留的种子和杂质。

(五)故障分析与排除方法

移动式风筛清选机常见故障分析及排除方法见表 8-2。

表 8-2　移动式风筛清选机常见故障分析及排除方法

序号	故障现象	产生原因	排除方法
1	筛面上种子不均匀	进料部分锥形漏斗调整不合适 移动式风筛清选机偏置	调整锥形漏斗 调平底盘
2	两侧振幅大小不一致	两侧振动电机偏重块调整不一致	调整两侧振动电机偏重块
3	大杂中种子过多	喂入量过大 筛孔堵塞	调整喂入量 清理筛板
4	小杂中种子过多	筛框与机壳之间间隙过大 筛板破损	维修筛框或滑道 更换筛板

第二节　移动式重力分选机

移动式重力分选机是装在可移动底盘上的重力分选设备,移动式重力分选机又称重力分选车。

一、5XZY-5 移动式重力分选机结构和工作过程

(一)5XZY-5 移动式重力分选机结构

5XZY-5 移动式重力分选机(以下简称移动式重力分选机)主要包括上料提升机、移动底盘、回料机构、吸风系统、电控装置、重力分选工作台等,见图 8-2。

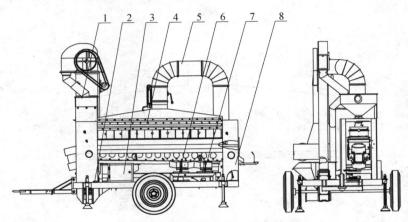

图 8-2　5XZY-5 移动式重力分选机外形图

1. 上料提升机　2. 移动底盘　3. 电控装置　4. 重力分选工作台
5. 吸风系统　6. 回料机构　7. 主排出口　8. 轻杂排出口

1. 重力分选工作台

重力分选工作台示意图见图 8-3。工作台具有一定倾角,由振动电机驱动做往复运动。工作台沿长度方向分成等长的两部分,进料端称为分层区,台面筛孔较小;出料端称为分离区,台面筛孔直径大于种子宽度尺寸;分离区有效面积从前端到后部逐渐减小,收缩呈三角形。轻杂排出口的大小可以根据杂质的多少进行调节,当需要排出的轻杂多时调大,反之调小。

2. 吸风系统

吸风系统由风机、吸风管道、总风门、分风门等构成,通过总风门和 8 个分风门调整风量和风速,吸风系统调整示意图见图 8-4。

(二)移动式重力分选机工作过程

移动式重力分选工作台面在振动电机驱动下振动,吸风系统的气流从台面下方向上通过台面,提升机将种子喂入到工作台面上。种子从分层区向分离区移动过程中,在振动和气流作

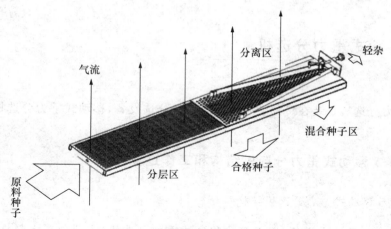

图 8-3　重力分选工作台示意图

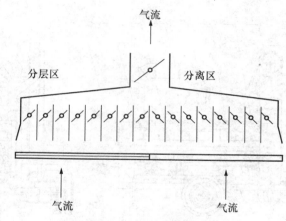

图 8-4　吸风系统调整示意图

用下,由于种子和杂质相对密度不同,轻杂上浮,种子下沉,形成有序层化,层化后的种子进入分离区,通过调节各风门的气流速度,利用种子和杂质的悬浮速度差异,下沉种子从筛孔漏下,由主排出口排出。轻杂继续前移,从轻杂排出口排出,混合区种子经回料机构回到上料提升机。

二、移动式重力分选机主要性能指标

原料种子经基本清选,净度大于或等于 97.0%,移动式重力分选机主要性能指标见表8-3。

表 8-3　移动式重力分选机主要性能指标

项目	指标
生产率/(t/h)	5
轻杂清除率/%	≥85
获选率/%	≥97.0

三、移动式重力分选机使用和维护

(一)作业前准备

(1)作业场地应坚固防振,移动式重力分选机工作位置周围应留有足够空间。
(2)按移动式重力分选机使用说明书要求配备供电装置,满足正常工作需求。
(3)作业时,用自身的支撑丝杠调平移动底盘再固定。
(4)根据清选种子选择不同规格的工作台面。
(5)启动并检查各转动部件转动方向是否正确。
(6)在主排出口和各轻杂排出口固定好接收装置,准备接收种子和轻杂。

(二)调试

(1)依次启动风机、回料机构、提升机,试运转 3～5 min,观察有无异常。
(2)在试运转过程中,适度打开各分风门、总风门,预调风量和风速。

(三)操作

(1)在确认运转正常后,将种子喂入提升机,调整提升机喂入量大小,控制移动式重力分选机的生产率,使种子均匀、持续地喂入到工作台面。
(2)通过调整分风门和总风门风量,使种子有序层化和有效分离,进行正常作业。
(3)作业将要结束的时候,需要在喂入斗内加入一定数量的选后种子,使工作台面能够满负荷正常工作,提高除杂率。
(4)停机的顺序与开机相反,先停提升机,再停风机,最后停重力分选工作台面电机。

(四)维护

(1)移动时先收起并锁紧支撑丝杠,保持机身水平。
(2)每班在作业前应检查各连接部位是否有松动,并对各转动部位加注润滑油脂。
(3)注意检查振动电机的减振套与自动回料机构的弹簧支板等易损部件,发现损坏及时更换。
(4)作业结束后或更换品种时,应清理提升机及重力选工作台面内存留的种子和杂质。

(五)故障分析与排除方法

移动式重力分选机常见故障分析及排除方法见表 8-4。

表 8-4　移动式重力分选机常见故障分析及排除方法

序号	故障现象	产生原因	排除方法
1	工作台面上种子向一侧聚集	移动式重力分选机偏置	调平底盘
2	轻杂排出口种子过多	轻杂排出口过大 混合区种子过多	调小轻杂排出口 加大回流量
3	分层区分层效果不好	风量分配不好	调整各分风门

第三节 移动式联合加工机组

一、移动式风筛选重力分选联合加工机组

移动式风筛选重力分选联合加工机组是由 5XY-5 移动式风筛清选机和 5XZY-5 移动式重力分选机组合而成，是移动式联合加工机组中最常用的组合形式。可以实现小麦、水稻、大豆、玉米、棉花等多种农作物种子的风选筛选和重力分选连续作业，见图 8-5。

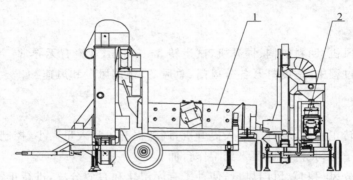

图 8-5 移动式风筛选重力分选联合加工机组外形图
1. 移动式风筛清选机 2. 移动式重力分选机

二、移动式风筛选重力分选包衣联合加工机组

在移动式风筛选重力分选联合加工机组的基础上，根据种子加工的需要再组合 5SSDY-5 移动式斗式提升机和 5BY-5 移动式包衣机，实现风选、筛选、重力分选和包衣联合作业，见图 8-6。

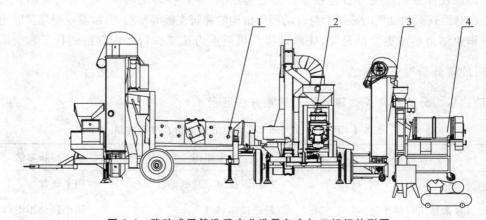

图 8-6 移动式风筛选重力分选及包衣加工机组外形图
1. 移动式风筛清选机 2. 移动式重力分选机 3. 移动式斗式提升机 4. 移动式包衣机

其中 5BY-5 移动式种子包衣机包括自带地轮的 5BY-5 包衣机、药液桶和空气压缩机组成,见图 8-7。

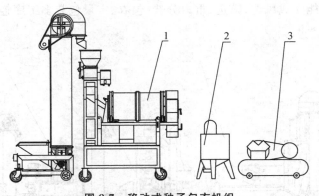

图 8-7　移动式种子包衣机组
1. 移动式包衣机　2. 药液桶　3. 空气压缩机

三、移动式脱粒清选联合加工机组

在移动式风筛清选机的前端接 5TY-5 玉米果穗脱粒机构成移动式脱粒清选联合加工机组,5TY-5 是钉齿式玉米果穗脱粒机,能够对玉米果穗进行脱粒和风选、筛选。再与移动式重力分选机组合,就形成了移动式玉米果穗脱粒、风选、筛选、重力选联合加工机组,见图 8-8。

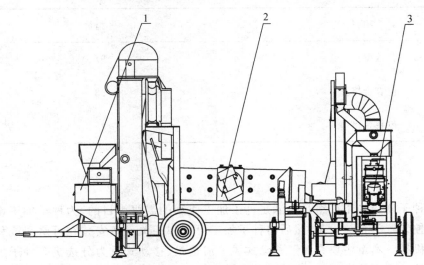

图 8-8　移动式玉米果穗脱粒风筛选重力分选联合加工机组外形图
1. 移动式玉米果穗脱粒机　2. 移动式风筛清选机　3. 移动式重力分选机

应用案例

移动式种子联合加工成套设备

在上述移动式风筛选重力分选联合加工机组的基础上,根据种子加工需要可以向前或向后工序延续。如组合移动式种子分级机,可实现风选、筛选、重力分选和尺寸分级;再配备移动式包衣机,可实现风选、筛选、重力分选、尺寸分级和包衣连续作业。其中应用最多的是再组合移动式定量包装机,能完成风选、筛选、重力分选、包衣、定量包装多工序连续作业,相当于种子加工成套设备,见图 8-9。

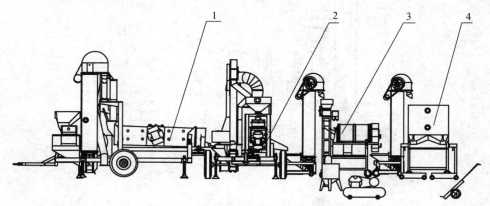

图 8-9　移动式种子联合加工成套设备外形图

1. 移动式风筛清选机　2. 移动式重力分选机　3. 移动式包衣机　4. 移动式定量包装机

移动式种子联合加工成套设备加工水稻种子性能指标见表 8-5。

表 8-5　移动式种子联合加工成套设备性能指标　　　　　　　　　　　　　%

项目	指标
获选率	≥97.0
包衣合格率	≥88
包装合格率	≥98

本章小结

移动式种子联合加工机组是以满足种子加工便利的需要为目的,为种子加工设备配置除尘、输送、电控装置等相关设备,然后将种子加工设备和相关设备安装在可牵引或移动装置上的种子加工机械。本章主要介绍了移动式风筛清选机、移动式重力分选机等种子加工设备以及移动式风筛选重力分选机组、移动式种子包衣机组、移动式玉米脱粒清选机组以及移动式风筛选重力分选包衣加工机组等。通过选用不同设备组合,组成配套机组,实现流水作业。在移动式风筛选和重力分选机组的基础上,根据种子加工需要可以向前或向后工序延续。若再配备移动式种子分级机,可实现风选、筛选、重力分选和尺寸分级;另配备移动式包衣机,可实现风选、筛选、重力分选、尺寸分级和包衣,满足种子不同加工要求。这种机械移动灵活,便于异地对种子进行加工,减少搬运过程中的损失和费用。

思考题

1. 常用的移动式种子加工设备有哪几种？简要说明其特点。
2. 移动式风筛清选机有哪几个部分组成的？
3. 简述移动式风筛清选机开机和关机的顺序。
4. 移动式重力分选机有哪几个部分组成的？
5. 常用的由不同功能组合的加工机组有哪些？

第九章　种子加工成套设备与种子加工厂设计

知识目标

◆ 熟悉种子加工成套设备的工艺流程设计原则、方法及设备配置。

◆ 了解种子加工成套设备主要性能指标和试验方法。

能力目标

◆ 能够掌握种子加工厂的设计原则及设计方法。

◆ 能够掌握种子加工成套设备的工艺流程及设备选型。

◆ 能够掌握种子加工成套设备的安装、调试、使用和维护。

第一节　种子加工工艺流程和设备配置

种子加工工艺流程是指从原料种子加工成为成品种子的全部加工过程。种子加工工艺流程设计包括根据原料种子的物理特性、工艺特点和成品种子质量要求,按照经济合理的原则,确定加工工序和顺序,选择加工设备,科学地组合工艺流程和加工成套设备,确定成套设备性能指标和测定方法。

一、工艺流程设计和设备配置要求

种子加工工艺流程设计和设备配置的主要要求包括:

(1)从原料种子接收到成品种子定量包装全过程应连续完成,并实现机械化和自动化。

(2)采用先进技术、先进经验、先进设备,合理加工,保证成品种子质量和获选率要求。

(3)在保证产品种子质量前提下,简化工艺流程,发挥各加工工序的最大效率。

(4)选用符合标准定型的加工设备,降低能耗和加工成本。

(5)工艺流程要有一定适应性、灵活性,能满足原料种子品种和成品种子质量等级变化要求。

(6)确保生产稳定、各工序之间产量平衡,并要考虑加工过程中可能出现的故障,避免全线停机。

（7）使用维修方便。

（8）作业场所工作地点职业卫生指标和污染物排放符合环保要求。

二、加工工序和顺序确定及加工设备配置

1. 基本清选

工艺流程的第一道工序，是必备工序，清除轻杂、大杂和小杂。本工序的操作指标应达到或基本达到成品种子净度要求，应选用双吸气道双筛箱风筛式清选机。

2. 重力分选

一般为第二道工序，是必备工序，清除重杂、轻杂。加工蔬菜种子选用三角台面重力式分选机，加工其他农作物种子选用矩形台面重力式分选机。

3. 去石

可选工序，一般用于蔬菜种子加工，清除并肩石，选用重力式去石机。

4. 长度分选

可选工序，只用于小麦、大麦或水稻等长粒种子分选，清除长杂或短杂。选用窝眼筒分选机或重力式谷糙分离机。

5. 形状分选

可选工序，只用于球形种子或截面呈圆形种子分选，清除异形杂质。选用带式分选机或螺旋分选机。

6. 色选

可选工序，多用于杂粮种子分选，清除异色杂质。选用种子色选机。

7. 尺寸分级

可选工序，用于玉米种子尺寸分级。按玉米种子籽粒长度尺寸分级选用窝眼筒分级机，按宽度、厚度尺寸分级选用平面筛分级机或圆筒筛分级机。

8. 包衣或丸化

可选工序，用于需要包衣或丸化的种子加工。包衣选用种子包衣机，丸化选用种子制丸机。

9. 定量包装

工艺流程的最后一道工序，是必备工序，用于加工后成品种子定量包装。按种子质量包装选用定量包装机，按种子粒数包装选用装有实时在线数粒仪的定量包装机。

三、辅助设备选择与配置

种子加工成套设备的辅助设备包括输送设备、通风除尘设备和电气控制设备。

（一）输送设备

输送设备包括斗式提升机、自溜管和带式输送机或振动输送机。用于各工序之间种子输送。

（1）垂直输送　各种加工设备进料、各类贮仓进料都需要垂直输送，一般选用斗式提升机。

（2）自上而下输送　立体布置或半立体布置成套设备，自上而下输送种子，应选用自溜管。

（3）水平输送　远距离输送种子，某种加工设备进出料需要水平或倾斜输送种子，选用带

式输送机或振动输送机。

(二)通风除尘设备

通风除尘设备由吸风罩(口)、风管、除尘器和风机等组成,用于对局部区域发生的粉尘进行控制、输送和收集。

(1)成套设备的斗式提升机、带式输送机或振动输送机进出料口、各类贮仓的进料口、风选设备的气流方向或出风口,都是粉尘发生源,应安装吸风罩。

(2)使用成套设备的种子加工厂,一般采取二级除尘。一级除尘选用离心除尘器,收集颗粒较大的粉尘;二级除尘选用布袋除尘器或脉冲除尘器。

(三)电气控制设备

电气控制设备是成套设备机械化、自动化运行的关键设备,应具备以下功能:

(1)成套设备顺序启动和顺序停机、单机启动和停机、各种贮仓料位控制及设备连锁控制功能。

(2)短路、过载、零电压、欠压及过压保护功能。

(3)成套设备运行、每台设备启动和停机、各种贮仓上下料位应有指示信号或模拟屏显示功能。

四、主要农作物种子加工工艺流程和设备配置

主要粮食作物种子、蔬菜种子和经济作物种子加工工艺流程和设备配置见表 9-1。

表 9-1　主要粮食作物种子、蔬菜种子和经济作物种子加工工艺流程和设备配置

序号	成套设备	一般加工工艺流程	设备配置
1	小麦种子加工成套设备	进料→基本清选→重力分选→长度分选→包衣→定量包装	风筛式清选机、重力式分选机、窝眼筒分选机、包衣机、定量包装机
2	水稻种子加工成套设备	进料→基本清选→重力分选→长度分选或重力分选→包衣→定量包装	风筛式清选机、重力式分选机、窝眼筒分选机或谷糙分离机、包衣机、定量包装机
3	玉米种子加工成套设备	进料→基本清选→重力分选→尺寸分级→包衣→定量包装	风筛式清选机、重力式分选机、平面分级机或圆筒筛分级机、包衣机、定量包装机
4	大豆种子加工成套设备	进料→基本清选→重力分选→形状分选→包衣→定量包装	风筛式清选机、重力式分选机、带式分选机或螺旋分选机、包衣机、定量包装机
5	棉花种子加工成套设备	进料→基本清选→重力分选→包衣→定量包装	风筛式清选机、重力式分选机、包衣机、定量包装机

续表 9-1

序号	成套设备	一般加工工艺流程	设备配置
6	蔬菜种子加工成套设备	进料→基本清选→重力分选→重力分选(去石)→包衣→定量包装	风筛式清选机、重力式分选机、重力去石机、包衣机、定量包装机
7	油菜种子加工成套设备	进料→基本清选→重力分选→包衣→定量包装	风筛式清选机、重力式分选机、包衣机、定量包装机
8	甜菜种子加工成套设备	进料→基本清选→重力分选→包衣或丸化→定量包装	风筛式清选机、重力式分选机、包衣机或制丸机、定量包装机

注:水稻种子加工成套设备生产率大于 3 t/h,长度分选或重力分选除短杂(整粒糙米)宜选用重力谷糙分离机。

第二节　种子加工成套设备主要性能指标和试验测定方法

种子加工成套设备是由着不同功能作用的主要设备和辅助设备按照需求组合起来的能够连续完成种子清选、包衣、计量包装等加工,是满足不同农作物种子加工不同要求的必要形式。种子加工成套设备在使用过程中应达到国家规定的性能指标要求,了解种子加工成套设备的主要性能指标和它的试验测定方法,对掌握种子加工成套设备的操作和使用方法,规范种子加工厂的实际应用有着重要的指导意义。

一、主要粮食作物种子加工成套设备性能指标

主要粮食作物种子加工成套设备性能指标见表 9-2。

表 9-2　主要粮食作物种子加工成套设备性能指标　　　　%

序号	性能指标	小麦种子加工成套设备	水稻种子加工成套设备	玉米种子加工成套设备	大豆种子加工成套设备
1	净度	≥99.0	≥98.0	≥99.0	≥98.0
2	获选率	≥97	≥97	≥97	≥97
3	除长杂率	≥90.0	—	—	—
4	除短杂率	—	≥85.0	—	—
5	异形杂质清除率	—	—	—	≥75.0
6	分级合格率	—	—	≥85	—
7	包衣合格率	≥95	≥88	≥95	≥94
8	包装成品合格率	≥98	≥98	≥98	≥98
9	提升机(单机)破损率	≤0.10	≤0.10	≤0.10	≤0.12

注:加工前种子净度不低于 96.0%。

二、主要蔬菜种子加工成套设备性能指标

主要蔬菜种子加工成套设备性能指标见表9-3。

表9-3   主要蔬菜种子加工成套设备性能指标   %

序号	性能指标	白菜、甘蓝	茄子、辣椒、番茄	芹菜、菠菜
1	净度	≥98.0	≥98.0	≥95.0(芹菜) ≥97.0(菠菜)
2	获选率	≥96	≥92	≥93
3	去石率	≥95	≥95	≥95
4	包衣合格率	≥95	≥90	≥90
5	包装成品合格率	≥98	≥98	≥98
6	提升机(单机)破损率	≤0.10	≤0.12	≤0.10

注:加工前种子净度:白菜、甘蓝、茄子、辣椒、番茄种子94.0%～96.0%;芹菜种子91.0%～93.0%;菠菜种子93.0%～95.0%。

三、主要经济作物种子加工成套设备性能指标

主要经济作物种子加工成套设备性能指标见表9-4。

表9-4   主要经济作物种子加工成套设备性能指标   %

序号	性能指标	棉花种子加工成套设备	油菜种子加工成套设备	甜菜种子加工成套设备
1	净度	≥99.0	≥97.0(杂交) ≥98.0(常规)	≥98.0
2	获选率	≥97	≥97	≥97
3	包衣(丸化)合格率	≥90	≥95	≥90
4	包装成品合格率	≥98	≥98	≥98
5	提升机(单机)破损率	≤0.12	≤0.10	≤0.12

注:加工前棉花光籽净度95.0%～97.0%,油菜、甜菜种子净度95.0%～96.0%。

四、主要性能指标试验测定方法

(一)试验要求

(1)成套设备性能试验一般进行3次,每次不少于30 min。试验测定结果取平均值。

(2)应按以下规定的测试程序完成试验项目全部数据测定,除包衣机外不得单机或单项试验测定。

（3）以小麦种子（标准作物种子）加工成套设备为例进行性能试验测定。

（二）试验准备

（1）试验测定用仪器、仪表应校验合格。

（2）试验用小麦种子应是同一产地、同一品种、同一收获期质量基本一致的种子。原料种子净度 94.0%～96.0%，水分不大于 14.0%。

（3）试验用种衣剂应是符合相关标准的合格产品，环境空气相对湿度不大于 80.0%，包衣车间温度不低于 10℃，成膜时间应小于 20 min。

（4）试验用成套设备应按本章第四节规定安装，并通过验收，能正常作业。

（5）成套设备全线空运行 10 min，喂入准备好的小麦种子，调试到设计生产率后，运行 20 min。

（三）取样

（1）基本清选前取样　在风筛式清选机喂入口接取，一次试验取样 3 次，在试验期间等间隔进行，每次取样质量不少于 1 kg。

（2）长度分选后取样　在窝眼筒分选机主排出口接取，一次试验取样 3 次，在试验期间等间隔进行，每次取样质量不少于 1 kg。

（3）包衣种子取样　在成膜仓出料口接取，一次试验取样 3 次，在试验期间等间隔进行，每次取样质量不少于 0.5 kg。

（4）包装成品取样　在定量包装机成品输送带上抽取，一次试验取样 3 次，在试验期间等间隔进行，每次取样数量不少于 10 个包装件。

（5）同类提升机破损率测定取样　分别在提升机进、出料口接收，一次试验取样 3 次，在试验期间等间隔进行，每次取样质量不少于 0.5 kg。

（四）样品处理

（1）将基本清选前取样、长度分选后取样 3 次接取的样品，分别配制成混合样品，从中分出送验样品，称量出其质量。按第四章第一节关于杂质的规定，从送验样品中分选出杂质，称量出其质量。再从杂质中分选出长杂，称量出其质量。并计算出基本清选前种子含长杂率及长度分选后种子含长杂率。

（2）将包衣种子取样 3 次接取的样品，配制成混合样品，从中分拣出 300 粒送验样品，称量出其质量。从中分选出籽粒被种衣剂包敷面积大于或等于 85% 的包衣合格种子，称量出其质量。

（3）将包装成品取样 3 次抽取的包装件，分选出净含量和封缄合格的包装件。

（4）将同类提升机破损率测定取样 3 次在提升机进、出料口接取的样品，分别配制成混合样品，从中各分拣出 200 g 送验样品，从送验样品中分选出破损粒，称量出其质量。

（五）测定程序

顺序起动成套设备，全线达到设计生产率之后，开始测定：

（1）记录开始时间。

（2）开始记录耗电量。

（3）开始计量风筛式清选机喂入种子质量和窝眼筒分选机主排出口排出种子质量。

（4）按上述规定取样。

完成上述程序试验测定结束，记录结束时间及耗电量。准备第二次试验。

（六）试验测定结果计算

1. 纯工作小时生产率

$$E_c = \frac{W_q}{T_h}$$

式中：E_c—纯工作小时生产率，单位为吨每小时（t/h）；

W_q—测定时间内风筛式清选机喂入种子质量，单位为吨（t）；

T_h—测定时间间隔，单位为小时（h）。

2. 加工每吨种子耗电量

$$E_d = \frac{Q}{W_q}$$

式中：E_d—吨种子耗电量，单位为千瓦小时每吨（kW·h/t）；

Q—测定时间间隔内成套设备耗电量，单位为千瓦小时（kW·h）。

3. 净度（长度分选后种子净度）

$$\mu = \frac{J_R - J_Z}{J_R} \times 100\%$$

式中：μ—种子净度（%）；

J_R—长度分选后送验样品质量，单位为克（g）；

J_Z—长度分选后送验样品中杂质质量，单位为克（g）。

用同样方法，计算出基本清选前种子净度 μ_g。

4. 获选率

$$\alpha = \frac{W \times \mu}{W_q \times \mu_q} \times 100\%$$

式中：α—获选率（%）；

W—测定时间间隔内窝眼筒分选机主排出口排出种子质量，单位为吨（t）；

5. 除长杂率

$$\beta = \frac{W_q \times C_q - W \times C}{W_q \times C_q} \times 100\%$$

式中：β—除长杂率（%）；

C_q—基本清选前种子含长杂率（%）；

C—长度分选后种子含长杂率（%）。

6. 包衣合格率

$$\gamma = \frac{Y_h}{Y} \times 100\%$$

式中：γ—包衣合格率（%）；

Y_h—包衣合格种子质量，单位为克（g）；

Y—送验样品(300 粒)质量,单位为克(g)。

7. 包装成品合格率

$$\delta = \frac{B_h}{B} \times 100\%$$

式中:δ—包装成品合格率(%);

　　B_h—抽取样品中净含量和封缄合格的包装件件数;

　　B—抽检样品件数。

8. 提升机(单机)破损率

$$\varepsilon = \left(\frac{S}{G} - \frac{S_q}{G_q} \right) \times 100\%$$

式中:ε—提升机(单机)破损率(%);

　　S—提升机出料送验样品中破损粒质量,单位为克(g);

　　S_q—提升机进料送验样品中破损粒质量,单位为克(g);

　　G—提升机出料送验样品质量,单位为克(g);

　　G_q—提升机进料送验样品质量,单位为克(g)。

(七)试验报告

试验报告应包括以下内容,必要时应以图表形式加以说明:

(1)试验目的、时间、地点及相关说明。

(2)成套设备简介。

(3)试验条件及作业状态。

(4)试验结果及分析。

(5)试验结论。

(6)试验负责单位及参加人员。

第三节　种子加工厂设计

种子加工厂就是种子加工行业为实现种子加工目的,按一定要求和标准设计建制的,由一定数量和功能的种子加工设备组成的种子加工地点或场所。种子加工厂设计包括厂址选择、厂房建筑尺寸确定和成套设备布置,是种子加工成套设备建设必要的前期准备工作。

一、种子加工厂选址

种子加工厂选址与建厂投资、施工周期、基础质量、生产经营等关系密切,应慎重对待,按以下程序操作。

(一)收集相关文件资料

种子加工厂选择厂址前应先收集可能建厂地点相关文件和资料,其主要内容如下:

（1）建厂地点所在市县的农业发展规划和农作物种业发展规划。

（2）城镇建设发展规划和建厂地点的平面图。

（3）地形、地质、土壤资料。

（4）气象气候、水文和地震资料。

（5）供电、供水和排水资料。

（6）公路、铁路和水路交通资料。

（7）当地建筑材料和施工单位信息资料。

（二）选址要求

选择厂址具体要求如下：

（1）建厂厂址符合国家和地方农作物种业发展规划和种子加工厂布局及当地城镇建设发展规划。

（2）地处种子繁育基地中心或靠近种子繁育基地和农作物主产区。原料种子有来源，商品种子有市场。

（3）公路、铁路和水路交通发达，收获季节原料种子可直接运到种子加工厂加工，播种前商品种子能及时运到各地销售。

（4）供电、供水和排水方便，能满足建厂、生产和生活需要。

（5）地势平坦，如有坡度，倾斜度应不大于 0.5%。

（6）地质条件好，地下 1.5～2.0 m 深处土壤耐压力大于或等于 20 t/m²。

（7）地下水位低，建地坑、地槽和地下通道，无须做防水处理。

（8）远离易燃、易爆和重污染企业。厂区环境符合安全和卫生标准要求。

（9）厂库结合的大型种子加工厂应考虑有晒场和库房建设用地。厂址占地形状以长方形为好，便于厂区规划，可使原料种子和成品种子在厂内运输路线最短。

（三）技术勘查

在初步确定厂址之后，应进行技术勘查，取得厂址地区可靠的地形、地势、土壤、地质和水文等技术资料，为最后选定厂址和厂房设计提供依据。

通过厂址技术勘查结果确定以下具体问题：

（1）根据地形、地质条件，确定主厂房的具体位置。

（2）确定厂房基础的深度和处理方法。

（3）确定地坑、地槽和地下通道的深度和处理方法。

（4）根据地势测量预计铲土、填土的土方工程量。

（5）确定厂区供电、供水和排水线路。

（四）厂址评价

针对建厂要求和所选厂址的具体条件，进行以下政策、技术和经济等多方面比较评价，最后选出最佳的厂址。

（1）厂址地域优势比较　主要比较厂址地区的政策环境优势、资源（原料种子）优势和市场优势。

（2）技术比较　综合比较厂址地区的自然、地理、地质、气象等条件。

（3）经济比较　比较建厂前期费用,包括土地购置、拆迁、厂址勘查、道路工程、供电线路、供水排水、区域开发和补偿费等。

二、种子加工厂厂房建筑尺寸

种子加工厂厂房建筑尺寸包括厂房平面尺寸和楼层高度尺寸,厂房平面尺寸是指厂房长度和宽度。

（一）确定厂房长度

厂房长度是指厂房纵向两墙中心线之间的距离。

确定厂房长度应以成套设备布置所需厂房长度最长的一层地面为依据。厂房长度取决于成套设备所占厂房长度之和、横向走道宽度之和、各设备纵向间距之和及标准墙厚。如果厂房内有其他辅助车间,应增加辅助车间的长度。其数值还应符合国家建筑模数规定,可参照以下公式计算:

$$L = L_1 + L_2 + L_3 + L_4 + L_5$$

式中:L—厂房长度,单位为米(m),以下相同;

　　L_1—成套设备所占的厂房长度之和;

　　L_2—横向走道宽度之和;

　　L_3—设备之间应留有的纵向间距之和;

　　L_4—标准墙厚;

　　L_5—辅助车间长度之和。

厂房内走道宽度参考值见表9-5。

表 9-5　厂房内走道宽度参考值　　　　　　　　　　　　　　　m

名称	最小尺寸	名称	最小尺寸
纵向主走道	2.0	横向走道	1.5
纵向一般走道	1.5	设备之间的横向走道	1.0
纵向两端横向走道	2.0		

（二）确定厂房宽度

厂房宽度是指横向相邻两墙中心线之间距离。单跨厂房宽度等于跨度(横向两相邻墙或墙与柱或两柱中心线之间的距离),双跨以上厂房宽度等于跨度乘以跨数。

确定厂房宽度应以成套设备布置所需厂房宽度最宽的一层地面为依据。厂房宽度取决于成套设备所占宽度之和,纵向走道宽度之和,设备横向间距之和及标准墙厚。可参照下公式计算:

$$B = B_1 + B_2 + B_3 + B_4$$

式中:B—厂房宽度,单位为米(m),以下相同;

　　B_1—成套设备所占厂房宽度之和;

B_2—纵向走道宽度之和；

B_3—成套设备横向间距之和；

B_4—标准墙厚度。

纵向走道宽度参考值见表 9-5，种子加工厂纵向走道布置见图 9-1。

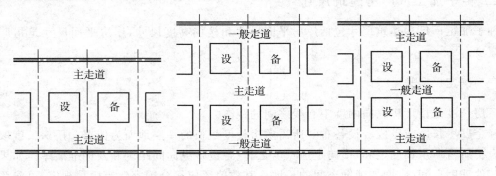

图 9-1　种子加工厂纵向走道布置图

(三)确定厂房楼层高度

楼层高度(以下简称层高)是指地面到上层楼面或下层楼面到上层楼面之间的距离。

厂房层高由以下几个条件确定：

(1)成套设备中最高设备的高度。

(2)设备安装和检修高度。

(3)操作平台的高度。

(4)设备上方安装通风除尘管道的高度。

(5)如果设备刚好安排在梁的下面，应再加梁的高度。

(6)还应考虑采光和通风要求，厂房的造价和建筑规则等因素。

根据布置的具体设备通过计算确定厂房高度。

三、种子加工成套设备的布置

(一)种子加工成套设备布置方式

在初定种子加工厂厂房建筑尺寸后，即可按工艺、技术、操作和管理等要求确定种子加工成套设备在厂房内的具体位置。成套设备布置分为平面布置、半立体布置和立体(分层)布置三种方式。

(1)平面布置方式是将所有设备都安装在同一平面上，种子从一台设备加工出来以后依靠提升设备提升至另一台设备继续加工，采用这种布置方式厂房高度相对较低，种子加工线路明确，设备安装方便。但设备占地面积大，种子提升次数较多，易产生破碎。

(2)立体布置方式是设备逐层排列，将种子一次提升至安装在最高部位的设备加工后，自流而下到另一台设备再次进行加工，直至完成全部加工过程。采用这种布置方式流程清晰，种子提升次数少，种子破碎较少。但土建或平台建设成本较高，使用局限性比较大，不便布置流程比较复杂的成套设备。

(3)半立体布置方式综合了以上两种方式的优点,目前应用比较广,通常有两层平台,一部分设备布置在二层平台,节省了设备占地面积,并使设备的布置更加紧凑。

(二)种子加工成套设备布置要求

(1)应按本章第一节讲过的种子加工工艺流程设计和设备配置要求综合考虑,合理布置。

(2)立体(分层)或半立体布置应按工艺流程从上到下逐层布置,要求各层设备数量基本一致。平面布置应按工艺流程在厂房地面或楼面沿直线排列成套设备。

(3)成套设备布置应紧凑,保证有足够的安全走道和操作空间。

(4)成套设备布置应整齐,提升机溜管、自溜管和除尘管道空间排列有序。

(5)设备主操作面要有良好的采光条件。

(6)各设备进料、出料多用溜管,尽量减少提升次数,并少用水平输送机。

(7)原料仓、暂存仓可旁路布置或安排在厂房两端,分级仓、成膜仓应控制仓容,减少占地面积。

(8)噪声大、粉尘多的加工设备尽可能布置在单独车间。

(三)主要加工设备和定量包装机布置

主要加工设备包括种子加工必备的设备风筛式清选机、重力分选机和常用设备种子包衣机。按平面布置说明如下。

1. 风筛式清选机

用于工艺流程的第一道工序——基本清选,布置在厂房楼面纵向首端。

风筛式清选机主排料口位置较低,机体需垫起 0.3~0.5 m。进料端需更换筛板,应留有不少于 1.5 m 的操作间距。

风筛式清选机需要风量较大,应接入通风除尘风网。

2. 重力式分选机

用于工艺流程的第二道工序——重力分选,布置在风筛式清选机之后。

重力分选机主排料口和回流口位置较低,应配置 0.4~0.6 m 的操作平台。重力式分选机四面都有调整机构,应留有操作间距,出料端应留有不少于 1.5 m 的间距。主操作面应朝向窗户和纵向主走道。

重力分选机工作台面上方装有吸尘罩,应接入通风除尘风网。

3. 包衣机成膜仓或包衣干燥机

一般用于工艺流程的第三道工序——种子包衣,布置在重力分选机之后。

种子包衣使用的农药型种衣剂多数有异味,包衣作业时空气中有种衣剂雾化物,操作人员需穿防护服戴口罩。可将包衣机、成膜仓或包衣干燥机和包衣种子提升机统一布置在包衣车间,以便集中通风换气和冬季供暖。

4. 定量包装机

用于工艺流程的最后一道工序——定量包装。一般布置在包衣机之后,厂房纵向末端自然光线较好的位置。

定量包装机四面都要求有较大的空间,包装成品输出端应靠近纵向主走道,另一面靠近横向走道,其余两面应留有不少于 1.5 m 的间距。定量包装机和包装成品占地面积大,也可以布置成定量包装车间。

第四节　种子加工成套设备安装调试

一、种子加工成套设备安装

(一)安装前的准备工作

1. 熟悉图纸

要求全体参加人员,包括技术人员和工人熟悉工艺设计图纸,清楚各设备的安装位置,进一步检查图纸上各部分的安装尺寸。

2. 设备检查

新设备连同包装箱一起运到现场。拆箱后,按装箱单、产品说明书逐项检查配件、备用零件、专用工具是否齐全,检查设备是否有缺、损零件。

3. 清理场地

将各层楼面进行清扫,清除土建施工中留下的各种杂物。检查预埋螺栓和预留洞眼的位置尺寸是否与设计图纸相符。对预埋螺栓露头部位,采取一定的保护措施,拧上螺母或套上镀锌管。

4. 安装用工具准备

除扳手、手锤等常用工具外,还应准备水平尺、钢角尺、手提式砂轮机、角向磨光机、液压升降台、曲线锯、弯管机、冲击钻、电焊机等。

5. 划线定位

无地脚螺栓的设备应划线定位。

6. 找平设备地脚基础

可用水平尺测量,对不平的部位用手提式砂轮、角向磨光机磨平。

(二)安装顺序

(1)楼层顺序,从二层开始向上层安装,然后再装底层。

(2)同一层楼的顺序,可由大到小,先重后轻,最后再安装通风管路、自溜管等。

(三)安装方法

安装前需先找正,使设备的中心线、标高、水平度、垂直度达到设计要求。

1. 设备中心线找正

设备安装时,要求设备的实际中心线与地面划出的中心线相重合,见图9-2。

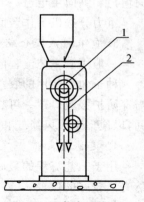

图 9-2　设备中心线找正
1. 转轴　2. 线锤

(1)以转轴为中心线找正,用挂线法找中心线。在转轴径向两边用铅锤线吊线,两面锤尖连线的中心刚好与地面划出的中心线重合即可。

(2)以设备对称中心线找正,设备对称中心线与地面划出的中心线重合即可。

2. 设备高度找正

对设备有一定高度要求,须进行高度找正,用垫片法。垫片一般用金属片,要求平整。垫片方式见图 9-3。

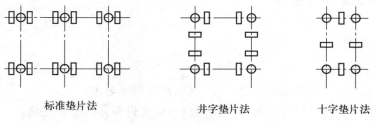

标准垫片法　　井字垫片法　　十字垫片法

图 9-3　垫片方式

(1)标准垫片法　将垫片放在地脚螺栓两边,适于底座较长的设备。

(2)井字垫片法　将二组垫片放在两地脚螺栓中间,八组垫片呈井字形,适于底座近似方形的设备。

(3)十字垫片法　将每组垫片都放在两地脚螺栓中间,四组垫片呈十字形,适于底座较小的设备。

3. 设备水平找正

用水平尺在设备前、后、左、右平面上测试,并用薄垫片进行调整。

4. 轴的平行和垂直度找正

两根有传动关系的轴,在安装时必须保持平行或垂直。

(1)平行度的找正　平行度找正方法见图 9-4,分别定出两传动轮边缘上同一直线上的两点 CD、EF,AB 为校正用的弦线。当 CDEF 在同一直线上,则两根轴平行。

(2)垂直度的找正　在主轴顶部套上一块平板,用水平尺校平,见图 9-4 所示。平板边缘到轴心的距离 S。从边缘吊铅锤,转动主轴,分别在相隔 90° 的方位上量出锤尖到轴心的距离为 S_1、S_2、S_3、S_4,若 $S_1 = S_2 = S_3 = S_4 = S$,则说明此轴垂直。

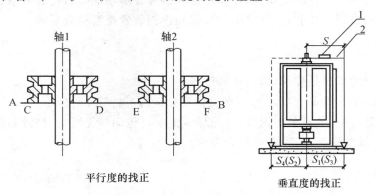

平行度的找正　　　　垂直度的找正

图 9-4　轴的平行度和垂直度找正

1. 水平尺　2. 平板

5. 传动轴轴承中心线找正

先在轴承座安放轴承的口内卡一块木板,木板必须同轴承上口相平,然后在木板平面上划出轴承中心线。

将各轴承座安装到机架上用一弦线校核各轴承座的中心线在同一水平线上,并使它与划定的传动轴中心线重合就算找正了。

二、种子加工成套设备调试

(一)调试前准备

调试前准备内容包括:

(1)根据施工图检验各设备的安装质量,是否符合图纸要求。

(2)根据工艺流程图核对各设备的进出料口与输送设备连接是否正确。

(3)检查溜管管道是否接通,是否有脱节和密封不严现象,阀门转动是否灵活。

(4)检查动力线路是否安装正确。

(5)检查通风除尘设备,是否有漏风现象。

(6)检查传动装置是否安装正确。

(7)检查各种安全防护措施,如防护罩和防护栏杆是否齐全。

(8)在一切检查工作完成后,清理设备内部和现场,准备运行。

(二)动力试验

按供电部门有关规定和电气设备安装标准要求,进行送电试验和验收。并做好以下几点:

(1)从变电配电间送电至总动力室或每层楼电控柜,检查是否符合加工车间各台设备动力配备需要。

(2)对照设备主轴的旋转方向,校对电动机的旋转方向。

(3)测定电动机的空载电流。

(4)根据电动机功率大小,一般空转运 15～60 min,以轴承不发热,电动机无振动、无异常声音为合格。

(5)检查电气控制设备保护功能、控制功能和信号显示功能是否符合要求。

(6)检查事故报警信号装置、紧急制动装置和连锁装置是否符合要求。

(三)空载运行

(1)空载运行的步骤是先单机,后成套设备。

(2)空载运行单台设备为 0.5 h,成套设备空载运行可持续 1～2 h。

(3)在空载运行中,各设备均无异声,无异常振动。传动带无跳动、打滑和跑偏现象。轴承的温升要正常。设备运行平稳,转速符合要求。

(四)负载运行

负载运行可分段进行,先清选机,后分级机和包衣机。在进行生产试验之前,应先用粮食(小麦或稻谷)从所有机器设备中通过一遍,作清理设备之用,然后再用原料种子进行负载试验。

负载运行应先轻载逐步加大到满载,即开始时应将喂入量放低,逐步增加喂入量。负载运行一般要进行 2～4 h。运行时除了进一步检查设备运转情况外,应着重检查设备的性能指标及前后各工序加工能力的平衡情况。

(五)运行中的调整

一般新建厂设备运行过程中,需要反复进行调试,才能达到设计要求。

(1)全面检查各设备的性能指标,对于达不到要求的要查出原因,通过调试,设法达到要求。

(2)检查和调整传动系统,保证传动平稳,动力分配和使用合理。

(3)根据成套设备设计要求,将各道工序生产率调整到规定范围。

(4)各项技术经济指标能达到设计要求,成套设备运行结束,可通过验收,正式移交生产部门。

三、种子加工成套设备维护保养与故障排除

(一)维护保养

种子加工成套设备各单机应按其使用说明书进行维护保养,并注意以下几点:

(1)各润滑部位每工作 200 h,应加注足够的润滑油脂。

(2)定期检查输送带、传送带、链条的松紧度,必要时进行调节。

(3)电控装置的空气开关、交流接触器、热继电器、显示灯等要定期检查,发现问题要及时更换。

(4)在更换种子品种时需打开机具的盖板,将机内及管道内的所有种子、杂质清除干净。

(5)每个班次均要清理筛面,若发现筛面破裂要予以修补或更换。

(6)发生故障时应立即切断电源,不可在作业时维修。

(7)每个作业季节结束后应全面检修一次,更换润滑油脂,清洁轴承,更换损坏的零部件。

(二)故障分析及排除方法

种子加工成套设备常见故障分析及排除方法见表 9-6(各主机可参见前几章内容)。

表 9-6 种子加工成套设备常见故障分析及排除方法

序号	故障现象	产生原因	排除方法
1	进料种子喂入量过大或过小	喂入量与成套设备的生产率不匹配	调整进料部分插板及振动给料机
2	提升机异常声响	提升机畚斗带松弛或跑偏	调整提升机畚斗带调节手轮
		主动轮、被动轮轴承磨损	更换主动轮、被动轮轴承
3	皮带输送机异常声响	输送机皮带跑偏	调整输送机皮带调节丝杠
		主动轮、被动轮轴承磨损	更换主动轮、被动轮轴承

续表 9-6

序号	故障现象	产生原因	排除方法
4	振动输送机异常声响	振动输送机推杆或弹板未紧固	紧固推杆或弹板螺栓
5	除尘系统除尘效果差	各除尘点调节门开度过小 除尘器内灰尘过多	调整各除尘点调节门 清理除尘器内灰尘
6	电气控制中某一主回路保护性关停	设备过载	找出过载原因,热继电器复位后重新开启

第五节　种子加工成套设备安全管理

种子加工成套设备安全管理包括种子加工成套设备安全操作要求和种子加工成套设备安全维护要求。

一、种子加工成套设备安全操作要求

(1)操作人员应掌握企业安全生产有关规定和本安全操作要求。

(2)按成套设备操作技术规程和成套设备使用说明书规定操作,避免或减少误操作风险。

(3)操作人员应穿工作服、戴口罩;包衣车间应戴橡胶手套,防止皮肤接触种衣剂;登高作业应系保护带,戴防护头盔。

(4)成套设备防护装置应固定到位,不应随意拆卸,作业时不得打开。

(5)安全标志所警示的危险区域和部位,应减少介入,避免肢体接触。

(6)成套设备作业时,禁止维修、保养及清理设备。成套设备维修时应切断电源。

(7)质量检验取样,应在规定部位接取,不准将手伸到设备内部取样。

(8)通风除尘设备集尘室应设泄爆口(管),百叶窗应通畅,室内应保持常压,无火源、电源。

二、种子加工成套设备安全维护要求

(1)种子加工成套设备作业前,应做安全检查,包括作业环境、安全设施、成套设备等。发现安全隐患,应及时排除,不能带隐患作业。

(2)严格按要求维护保养各工序加工设备,使各加工设备都处于良好工作状态,保证成套设备安全运行。

(3)经常检查安全防护装置和安全标志,保持其完整齐全、清晰有效。真正起到安全防护作用。

(4)经常检测加工车间空气中粉尘浓度,保证通风除尘设备正常工作,有效控制加工车间空气中粉尘浓度不大于 4 mg/m³。

（5）经常检测作业场所工作地点噪声，及时发现和排除异常振动和异常声音，控制工作地点噪声不大于 85 dB(A)。

（6）定期检查风机、电机和传动机构的转动件工作状态，发现隐患及时排除。

（7）定期检查清选设备筛箱、工作台面等振动件工作状态，发现隐患及时排除。

（8）加工车间纵向走道、横向走道和设备之间走道，不得堆放种子等物质，保证操作人员有安全通道和操作空间。

（9）成套设备作业时出现险情，应立即停止作业，采取措施及时排除，避免发生人身伤亡和设备损坏。

（10）建立成套设备维修、保养工作记录，记录每次维修保养的操作人员、时间、工作内容、更换零部件和耗材等情况。

应用案例

玉米种子加工成套设备的操作

以玉米种子加工成套设备为例，介绍成套设备的使用操作步骤。

一、加工条件准备

1. 原料种子

（1）原料种子质量应符合如下要求：

① 净度大于或等于 96.0%。

② 发芽率大于 85%，水分不大于 13.0%。

③ 种子籽粒长度尺寸或宽度和厚度尺寸符合尺寸分级条件要求。

（2）同一品种、同一产地、同一收获期的玉米种子应贮放一起，同一批次进行加工。

2. 种衣剂

（1）种衣剂应适合玉米种子包衣和成套设备连续作业。

（2）种衣剂自然固化成膜时间不大于 20 min，加热干燥成膜时间 2～4 min。衣膜牢固，包衣种子不粘连、不结块。

3. 包装材料

（1）包装材料应符合玉米种子销售包装要求。

（2）包装袋应印制或固定种子标签。

4. 成套设备

（1）成套设备应是符合相关标准要求的合格产品。

（2）新购置的成套设备应按本章第四节要求安装，并通过验收。

（3）按规定工艺流程（不包括定量包装机）空运行，检查以下各项目：

① 成套设备运行正常，无异常声响和振动。

② 工艺流程适用于加工玉米种子，各工序齐全，设备状态良好。

③ 通风除尘管道无泄漏，各吸风罩和吸风截止阀开启正常。

（4）按工艺流程逐台调试各加工设备达到全流程正常作业。

5. 人员

（1）操作人员、管理人员应相对稳定，质检、控制室应配备专职固定人员。

（2）操作人员应经专业技术培训，熟练掌握玉米种子加工操作技术规程。

二、操作技术要求

（一）加工工艺流程

（1）玉米种子加工一般工艺流程

进料→基本清选→重力分选→尺寸分级→包衣→定量包装→贮藏。

（2）可将重力分选工序配置在尺寸分级后面的流程

进料→基本清选→尺寸分级→重力分选→包衣→定量包装→贮藏。

（二）进料

1. 选用设备

斗式提升机、振动给料机、带式输送机或振动输送机。

2. 操作工艺指标

（1）进料稳定，进料量与各工序生产率偏差±5%。

（2）斗式提升机提升速度 1.0～1.2 m/s。

（3）带式输送机、振动输送机输送速度 0.5～1.0 m/s。

（4）单台斗式提升机一次提升破碎率不大于 0.1%。

3. 步骤和方法操作

（1）调整各参数和部位：斗式提升机提升速度、带式输送机或振动输送机输送速度、振动给料机振动频率、斗式提升机进料插板位置、带式输送机或振动输送机排料插板位置。控制生产率偏差±5%。

（2）调整斗式种子提升机回流挡板至畚斗外缘距离，控制回流量不大于 0.1%。

（3）按顺序启动斗式提升机、带式输送机或振动输送机及振动给料机为以下各工序进料。

（三）基本清选

1. 选用机型

选用风筛式清选机（双吸气道双筛箱风筛式种子清选机或双吸气道双筛箱具有下吹风机的风筛式种子清选机）。

2. 操作工艺指标

（1）进料量应适合本工序设定生产率。

（2）除轻杂率应大于 65.0%。

（3）除大杂率应大于 98.0%。

（4）除小杂率应大于 85.0%。

（5）获选率应大于 98%。

3. 步骤和方法操作

（1）选择筛分流程或筛面组合，常用的筛分流程包括：

大杂筛→大杂筛→小杂筛→小杂筛；

大杂筛→小杂筛→大杂筛→小杂筛；

大杂筛→小杂筛→小杂筛→小杂筛。

（2）确定筛孔形状、尺寸，有 3 种方法可供选择：根据生产实践经验，参照常用筛孔形状、尺寸确定;用标准套筛、筛片或直接在风筛式种子清选机上试验确定;通过绘制种子和杂质的筛分曲线确定。

（3）通过调整前后吸气道风速和下吹风机转速,使除轻杂率和获选率符合上述规定。

（4）按顺序启动风筛式清选机,调整进料口开度和喂入辊转数,使进料量达到本工序生产率,进行正常基本清选作业。

（四）重力分选

1. 选用机型

矩形台面重力式分选机。

2. 操作工艺指标

（1）进料量应与基本清选工序生产率及回流量相平衡。

（2）除轻杂率应大于85.0%。

（3）除重杂率应大于75%。

3. 步骤和方法操作

（1）选用大粒种子分选台面,先预设以下参数:振动频率400~500 r/min;台面纵向倾角和横向倾角先定在刻度的高位值(可低于最大角度1°~2°);调小进料量;风机转数或风门开度从进料端开始依次减小。

（2）启动重力式分选机,喂入调试用种子,调整振动频率,使台面上种子向高边运动。

（3）当台面一半以上布满种子时,从进料端开始逐一调整风机风量,使台面上种子分层并向出料边运动。

（4）当台面上布满种子时,进一步调整风机风量、纵向倾角、横向倾角,使出料边种子、轻杂按相对密度、籽粒大小分区依次排出,重杂在重杂口排出。

（5）检验除轻杂率和除重杂率,符合上述规定后,增加进料量,控制回流量,进行正常重力分选作业。

（五）尺寸分级

1. 选用机型

（1）平面筛分级机或圆筒筛分级机,用于按玉米种子籽粒宽度、厚度尺寸分级。

（2）窝眼筒分级机,用于长粒玉米种子按长度尺寸分级。

2. 操作工艺指标

（1）进料量应适合本工序生产率。

（2）各级种子分级合格率均应符合表9-7规定。

（3）各级种子所占比例应符合预先设定。

3. 步骤和方法操作

（1）根据玉米种子形状尺寸特性和市场需求确定分级数量及每级尺寸范围。

（2）确定平面筛分级机筛面组合或圆筒筛分级机、窝眼筒分级机组合。

（3）按每级尺寸范围上限和下限确定筛孔形状、尺寸或窝眼形状、尺寸。

（4）按已确定的筛孔形状、尺寸或窝眼形状、尺寸进行分级试验,检验分级合格率、各级种子所占比例。

（5）根据分级数量和每级种子所占比例,选择分级仓数量和容积。

（6）按本工序生产率和分级合格率调整进料量,进行正常分级作业。

（六）包衣

1. 选用机型

连续式种子包衣机或批量式种子包衣机。

2. 操作工艺指标

（1）进料量应适合本工序生产率。

（2）供种量和供药量偏差分别是：连续式种子包衣机±5％和±3％；批量式种子包衣机±0.15％和±1.5％。

（3）包衣合格率应符合表 9-7 规定。

（4）破碎率分别是：连续式种子包衣机不大于 0.1％；批量式种子包衣机不大于 0.05％。

3. 步骤和方法操作（以连续式种子包衣机为例说明）

（1）启动包衣机，喂入试验用种子（不供药），调整供种量符合上述规定。在包衣机进、出料口取样，检验包衣机破碎率。

（2）调整计量泵流量，使供药量符合药种比并符合上述规定。

（3）按调整好的供种量和供药量供种、供药，调整雾化装置和搅拌装置转数，使包衣合格率符合表 9-7 规定。

（4）关闭成膜仓出料插板，包衣作业 20～30 min，使成膜仓内暂存部分包衣种子。

（5）如采用加热干燥成膜，应控制热风温度：农药型种衣剂不大于 45℃；生物型种衣剂不大于 35℃。

（6）完成上述调试后，包衣机进入正常包衣作业。

（七）定量包装

1. 选用机型

半自动定量包装机或全自动定量包装机。

2. 操作工艺指标

（1）定量包装速度应适合成套设备生产率。

（2）定量值相对误差分别是：按质量包装±0.2％，按数量包装±0.5％。定量包装成品合格率应符合表 9-7 规定。

3. 步骤和方法操作

（1）根据市场需求确定包装方法和包装规格。

（2）按包装方法和包装规格准备包装袋或包装材料。

（3）按半自动定量包装机或全自动定量包装机使用说明书操作，进行正常包装作业。

（八）贮藏

按农作物种子贮藏标准规定执行。

（九）成套设备清理

更换原料种子品种或加工作业结束，应按使用说明书规定全面清理成套设备。

三、作业场所空气污染物浓度监测

1. 空气污染物浓度控制指标

（1）各车间内空气中粉尘浓度不大于 4 mg/m³。

（2）包衣车间空气中种衣剂雾化物浓度应符合工作场所有害因素职业接触限值规定。

2. 检测方法

(1)粉尘浓度按工作场所空气中粉尘浓度检测标准规定执行。

(2)种衣剂雾化物浓度按工作场所空气中有害物质检测标准规定执行。

四、加工成品质量和检验

1. 玉米种子加工成品质量指标

玉米种子加工成品质量指标应符合表9-7规定。

表 9-7　玉米种子加工成品质量指标　　　　　　　　　　　　　　　%

项目	指标	项目	指标
净度	≥99.0	包衣合格率	≥95
分级合格率	≥85	定量包装成品合格率	≥98

2. 加工成品质量指标检验

加工成品质量指标检验按本章第二节主要性能指标试验测定方法执行。

本章小结

种子加工成套设备是由有着不同功能作用的单机按照需求组合起来的加工流水线,能够连续完成种子清选、包衣、计量包装等加工。种子加工成套设备包括与种子加工要求相适应的加工设备及配套辅助设备。

种子加工设备主要包括风筛式清选机、窝眼筒分选机、重力式分选机、包衣机与定量包装机等设备。配套辅助设备包括输送设备、通风除尘设备和电气控制设备。

不同种子加工成套设备性能指标有相似也有差异。例如主要粮食作物种子加工成套设备中,小麦种子与玉米种子的加工成套设备净度指标要求均为不小于99.0%,水稻种子与大豆种子的加工成套设备净度指标要求均为不小于98.0%,而这些粮食作物种子加工成套设备的包装成品合格率均为不小于98.0%。玉米种子需要分级,大豆种子需要清除异形杂质,一些主要的经济作物种子需进行包衣丸化,因此这些种子加工成套设备需要特定的指标要求。

种子加工厂选址,厂房建筑尺寸长宽高度确定和成套设备布置,需满足设备安装条件和种子加工工艺流程要求。加工设备及辅助设备的生产、安装、调试及种子加工质量应符合相关标准规定。

种子加工成套设备安全管理包括种子加工成套设备安全操作要求和种子加工成套设备安全维护要求,确保安全生产。

思考题

1. 简述种子加工工艺流程的设计原则。

2. 种子加工工序有哪些?各加工工序的加工设备是什么?

3. 种子加工成套设备的辅助设备由哪几类?

4. 简述种子输送设备有哪些设备?各有什么特点?

5. 种子加工厂的设计方法包括哪些步骤?

6. 种子加工成套设备调试应注意哪些方面?

7. 以加工玉米种子为例,简述种子加工成套设备使用操作步骤。

实验实训

实验实训一　种子相对密度、容重的测定

一、目的

1. 掌握使用仪器测定种子相对密度、容重的方法。
2. 加深对种子物理特性基本概念的理解与应用。

二、原理

种子相对密度是种子的质量与其体积之比,单位为 g/cm^3 或 kg/m^3。对不同作物或不同品种而言,种子相对密度因形态构造、细胞组织的致密程度和化学成分的不同而有很大的差异。就同一品种而言,种子相对密度则随成熟度和充实饱满度不同而不同。大多数作物的种子成熟越充分,内部积累的营养物质越多,则籽粒越充实,相对密度就越大。种子相对密度不仅可以作为衡量种子品质的指标,还可以作为种子成熟度的间接指标。

种子容重是指单位容积内种子的质量,单位为 g/L 或 kg/m^3。种子容重的大小受多种因素的影响,如种子籽粒形状、尺寸、成熟度、化学成分以及含杂率和杂质种类等。种子籽粒的粒径小,形状规则,成熟度好,脂肪含量少,含杂率低,则其容重较大;反之容重较小。种子容重在生产上的应用相当广泛,检验上常把容重作为品质指标之一。一般情况下,容重越大,种子质量越好。但也有例外,油料种子脂肪含量越多质量越好,容重反而越小。在种子加工过程中,可根据容重推算一定容量内的种子重量或一定重量的种子所需要的容积和运输时的车厢数目。

三、用具及材料

容重器、天平、量筒、密度瓶、二甲苯或酒精,水稻、小麦、玉米、大豆等农作物种子。

四、方法和步骤

(一)种子相对密度的测定

(1)准确称取种子样品 3.000～5.000 g,计为 W_1。

(2)将二甲苯(或 50％酒精)装满 50 mL 的密度瓶,盖上瓶塞,用吸水纸吸去溢出的液体,准确称重,计为 W_2。

(3)倒出一部分二甲苯,将已称好的种子样品(W_1)投入比重瓶中,若药液溢出,用吸水纸吸去多余的二甲苯,若没有溢出则再用二甲苯装满至密度瓶的标线。

(4)将装好二甲苯和种子的密度瓶称重,计为 W_3。

(5)计算种子相对密度(S)

$$S = \frac{W_1}{W_2 + W_1 - W_3} \times G$$

式中:G——二甲苯的密度,在 15℃时为 0.863 g/L;50％酒精密度,在 15℃时为 0.93 g/L。

(二)种子容重的测定

1. 容重器测定法

(1)安装好容重器的各部件(包括漏斗筒、空筒、插片、排气锤等),校正天平,将试样倒入漏斗筒内,将漏斗筒套在空筒上,打开漏斗开关,使种子流入空筒内。

(2)左手拿容器筒,右手迅速平稳的抽出插片,待排气锤及试样落在容器筒底部,迅速将插片平稳插入。

(3)取下漏斗筒,再取下容器筒和空筒,用手指按住插片,将容器筒倒转,使插片上多余种子倒出来。

(4)取出插片,将容器筒与试样一起称重,精确度为 0.5g。

(5)每种样品重复测定两次,允许前后两次误差为 5 g/L,求取平均值。

2. 简易法

在没有容重器的情况下可采用以下简易方法测定:

(1)取一个 1 L 的量筒,取作物种子,放入量筒,种子的上表面与量筒最大刻度平行。

(2)取出此时的种子置于天平上称重计数。

(3)每一样品重复两次,容许误差 5 g/L,求两次结果的平均值结果保留整数,即为该作物的容重。

五、作业

根据实验方法,计算几种不同作物种子相对密度、容重。

实验实训二 种子比热容的测定

一、目的

了解种子比热容的概念,掌握种子比热容的测定方法。

二、原理

种子比热容是指单位质量的种子,温度每变化1℃(或1 K)所需要的热量。不同化学成分物质的比热容各不相同,干燥后的作物种子的比热容大多数在1.7 kJ/(kg·℃)左右。水的比热容比一般种子的干物质比热容高1倍以上,因此水分越高的种子,其比热容亦越大。种子的比热容是种子中干物质和水的比热容之和。

三、用具及材料

量热器、天平、烧杯、酒精灯、温度计、水,水稻、小麦、玉米、大豆、油菜等农作物种子。

四、方法和步骤

(1)在室温条件下将500 mL水注入量热器中,测量其温度T_1。

(2)准确称取50 g种子样品放入烧杯中用酒精灯加热至温度T_2。

(3)迅速将加热的种子投入量热器中,待种子的热量与水充分交换而达到平衡时,测量此时的水温T_3。

(4)计算种子的比热容c。

$$c = c_g + \frac{c_s - c_g}{100} \cdot M$$

式中:c—种子的比热容,单位为 kJ/(kg·℃);

c_g—种子干物质的比热容,单位为 kJ/(kg·℃);

c_s—水的比热容,单位为 kJ/(kg·℃);

M—种子水分(%)。

五、作业

根据实验方法,计算出不同种子的比热容。

实验实训三　种子干燥处理

一、目的

1. 了解种子干燥的基本原理。

2. 通过观察种子固定床式干燥机工作流程,掌握种子热力干燥机的基本结构、工作原理和操作方法。

二、原理

种子干燥是保证种子质量的一项关键措施。种子干燥就是利用或改变空气与种子内部的蒸汽压差,使种子内部的水分不断向外散发的过程。种子的干燥方法可以分为自然干燥和人工机械干燥两类,人工机械干燥法又可分为自然风干燥和干燥介质(热空气)干燥两种,后者在种子干燥作业中应用最为广泛。根据供热方式的不同,干燥介质干燥方法可分为传导干燥法、对流干燥法和辐射干燥法。种子干燥机械根据种子的运动方式的不同可以分为种子固定床式、种子移动床式、种子流化床式。

以种子固定床式干燥机为例,它是使种子处于静止状态下进行干燥的一种设备。其基本特征是种子层静止不动,干燥介质做相对运动,种子干燥后一次卸出。该设备结构比较简单,可采用砖木结构,具有建造容易,造价低、干燥成本低,操作简单等优点;缺点是生产效率低,进出料不方便,劳动强度大。

三、用具及材料

种子固定床式干燥机(图 3-2),水稻、小麦、玉米种子若干。

四、方法和步骤

(1)将待干燥的种子(水稻、小麦或玉米种子)从进料口装满整个固定床。

(2)开启热风系统(包括风机、风道),干燥床开始工作,干燥介质从仓底向仓顶部流动,与仓内种子层产生湿热交换。

(3)随着干燥过程的进行,种子干燥区由底层种子向上移动。在干燥区的下部种子的水分与进来的空气已基本上达到平衡状态。图 3-2 中所示为干燥区已移到种子层的中部。

(4)当固定床顶部的种子含水量达到安全贮藏水分时,停止干燥设备,烘干后的种子可以一次卸出或在仓内贮藏。

五、作业

熟悉实验方法步骤,撰写实验体会。

实验实训四　种子包衣

一、目的

1. 了解种子包衣的原理。
2. 熟悉种子包衣机工作流程、操作与维护。

二、原理

种子包衣是以种子为载体,种衣剂为原料,包衣机为手段,集生物、化工、机械等技术于一体的综合技术,根据所用材料性质(固体或液体)的不同,分为种子包衣技术和种子丸化技术。经过包衣的种子,能有效防治农作物苗期病虫害,促进幼苗生长、苗齐苗壮,达到增产增收的效果。

种子包衣作业是把种子放入包衣机内,通过机械的作用把种衣剂均匀地包裹在种子表面的过程。种子包衣属于批量连续式生产,种子由叶轮喂料器喂入经种子甩盘使种子呈伞状均匀抛撒下落进入雾化室和包敷室,与此同时精确计量的种衣剂经药液甩盘雾化后,包敷至均匀下落的种子表面。然后初步包衣的种子进入搅拌筒,在搅拌轴作用下使种衣剂进一步均匀包敷在种子表面,最后从出料口排出,完成种子包衣过程。

三、用具及材料

5B-5 种子包衣机(图 6-1)、种衣剂、玉米种子若干。

四、方法和步骤

(1)包衣前准备工作。做好包衣作业前机具、药剂和种子的准备工作,检查包衣机的各项技术状态是否良好;根据不同种子对种衣剂的不同要求,选择不同类型的种衣剂,准备足够量的药物以及合理的种子药物配比;做好种子准备工作,进行包衣的种子一定是质量合格的种子。

(2)开机试运转。启动包衣机进行试运转检查,试运转时间应大于 5 min,观察运转中是否有异常声响。

(3)药液调试。关闭供药液桶底下的排液阀,注入药液至桶 3/4 高度,启动供药系统各项阀门,按技术参数进行调试,确定药种比例,玉米种子药种比为 1∶50,确定供种量和供药量。

(4)开机进行包衣作业。

(5)包衣作业结束后对整机进行保养。每更换一次种子、种衣剂或包衣作业结束,都要对包衣机进行清洗,清理出机内、管道内的残液和残留种子。

五、包衣种子质量检查

(1)对包衣成膜的种子随机扦样。

（2）纯度检验：将包衣种子放入细孔筛后浸在水中，将种子表面膜衣洗净，放在吸水纸上，置于恒温箱内干燥（干燥温度30℃），干燥后进行品种纯度检验。

（3）净度检验：按品种纯度检验中的方法，除去膜衣后进行净度检验。

（4）水分检验：按规定进行水分检验。

（5）发芽率检验：按规定进行发芽率检验，发芽试验采用沙床法，包衣种子粒和粒之间至少保持与包衣种子同样大小的两倍距离。检验时间延长48 h。

（6）包衣合格率检验：从待检验样品中随机取试样3份，每份200粒，用放大镜目测观察每粒种子，凡表面膜衣覆盖面积不小于80％者为合格包衣种子。分别计算出合格率求平均值。玉米种子的包衣合格率大于等于95％，破碎率增值不大于0.1％。

六、作业

熟悉实验方法和步骤，撰写操作体会。

实验实训五　种子基本清选

一、目的

1. 了解种子基本清选的原理。
2. 熟悉种子基本清选工作流程。

二、原理

刚从田间收获的种子，往往含有各种干叶、杂草、其他作物种子和害虫等杂质，这些成分影响种子的干燥、包装和贮藏，所以对刚收获的种子进行清选是十分必要的。由于各类种子或各种混杂物所具有的物理特性不同，如形状、大小、相对密度、表面结构及色泽等，种子的清选就是根据种子群体的这些物理特性以及种子与混杂物之间的差异性，通过机械操作将饱满、完整的种子与瘦瘪种子以及种子与混杂物分离开来。

以5X-5型风筛式种子清选机为例，该机为风筛式结构，设有前、后吸风道，可以清除种子中的轻杂和秕粒；筛箱中装有上、中、下三层筛板，分别用于分离大杂、小杂及轻杂，从主排料口获得合格的种子。风筛式种子清选机利用风选和筛选两种原理进行种子清选，具体工作程序：种子由喂料装置喂入并均匀散开，种子散落过程中进入前吸气道被气流将其中的轻杂吸进前沉降室，通过风选排杂机构排出。经过前吸气道清除轻杂后，种子落到上筛箱第一层筛板清除大杂，由大杂排出口排出。筛下物落到第二层筛板清除小杂，由小杂排出口排出。第二层筛板的筛上物经滑板又流到下筛箱，经分料器将种子分到第三层、第四层筛板上清除小杂。筛选后的种子经过后吸气道，进行第二次风选，除去轻杂，轻杂经后沉降室分离沉降后，由风选排杂机构排出机外，清选后种子经主排出口排出机外。通过调节筛箱振动频率，可以调节种子在筛面上的运动速度，从而调节机器的筛选质量。

三、用具及材料

5X-5 风筛式种子清选机(图 4-7),水稻、小麦种子若干。

四、方法和步骤

(1)选择筛板。在试验或加工之前,根据拟选定种子样品的外形尺寸(宽度或厚度)选择合适的套筛,确定筛孔尺寸。

(2)开机前准备工作。将选定的筛板分别安装在不同的筛格中,检查各个风量调节阀门是否处于关闭状态。

(3)开机运转。操作顺序为:调节喂料装置→调节筛箱体振动频率→调节各风门旋钮。优化各个运转参数以获得最佳的分选结果。

(4)实验结束后,保持机器继续运行 3 min 左右,使筛板上的种子尽可能流动出来。关闭筛箱传动系统和电机电源,打开筛板固定门,从上到下将每层筛板分别取出,用毛刷进行清理。最后用刷子清除机械内部残留的籽粒。

(5)风筛清选机的维护与保养。

五、清选质量检验

经过清选分级的种子随机扦样,进行净度检验,对其结果进行分析是否达到国家规定种子质量标准,即水稻种子净度大于等于 98.0%,小麦、玉米种子净度大于等于 99.0%。

六、作业

熟悉种子基本清选操作流程,撰写操作体会。

实验实训六　种子加工厂参观

一、目的

参观种子加工厂,了解种子加工厂成套设备以及主要农作物种子加工流程。

二、实训场地

组织学生到就近种子加工厂现场参观。

三、参观内容

1. 种子加工厂成套设备和加工主要农作物种子加工工艺(表 9-1)。
2. 种子加工机械设备使用与维护,种子加工中常见问题及注意事项。

四、作业

试画出水稻、玉米、小麦种子加工工艺流程方框图。

附录 种子加工术语

一、加工工艺

1. 种子加工

种子从收获后到播种前进行加工处理的全过程。主要包括初清、预加工、干燥、清选、分级、包衣、定量包装、贮存等。

2. 种子预加工

为种子清选预先进行的脱粒、刷清、磨光、除芒等加工方法。

3. 种子干燥

降低种子的水分，使其达到可以安全贮存要求的过程，并应保证种子的发芽力和活力。种子的干燥方法分自然干燥和机械干燥。

4. 自然干燥

在大气中进行的干燥方法。依靠太阳的辐射热或自然空气，使种子中的水分汽化的干燥方法。

5. 机械干燥

强制自然空气或加热空气通过种子层，对种子进行干燥的方法。

6. 连续干燥

种子不间断地通过干燥设备的干燥。

7. 分批干燥

种子分批次通过干燥设备的干燥。

8. 循环干燥

种子重复通过干燥设备从而达到干燥要求的干燥。

9. 横流干燥（错流干燥）

干燥介质（加热空气）流动方向与种子流动方向垂直的干燥。

10. 顺流干燥

加热空气流动方向与种子流动方向相同的干燥。

11. 逆流干燥

加热空气流动方向与种子流动方向相反的干燥。

12. 混流干燥

种子流动时同时受到横流、逆流、顺流的加热空气作用的干燥。

13. 种子清选

将种子与杂质分离的过程。主要有初清选、基本清选、精选。

14. 初清选(预清选)

为了改善种子的流动性、可贮藏性和满足清选作业原始种子净度要求而进行的初步清除杂质的作业。

15. 基本清选

利用风选和筛选对种子进行的以基本达到净度要求的主要作业方法。

16. 精选

在基本清选之后进行的各种分选、清选作业。

17. 风选

按种子物料空气动力学特性差异利用空气流动进行的清选作业。

18. 筛选

按种子的宽度、厚度或外形轮廓尺寸差异用筛子进行的清选作业。

19. 长度分选

按种子长度差异通过带窝眼的圆筒或圆盘等装置进行的清选作业。

20. 色选

按种子的光反射特性的差异通过光电转换装置,进行分选的作业。只能按反射光的亮度进行分选的,称单色分选;按反射光的波长进行分选的,称双色分选。

21. 尺寸分级

将清选后的种子外形尺寸的差异分选为若干个等级的作业方法。

22. 包衣

在种子外表面包敷一层种衣剂的过程。种衣剂可包括杀虫剂、杀菌剂、染料及其他添加剂等。包衣后的种子形状不变而尺寸有所增加。

23. 制丸

将制丸材料粘裹在种子外表面制成具有一定尺寸的丸状颗粒的过程。制丸材料可包括杀虫剂、杀菌剂、营养物质、染料、粘合剂及其他添加剂等。丸化后的种子,其尺寸与形状均有明显变化。

24. 贮存

将种子按不同贮存期限贮存在容器内或库房内。包括暂时贮存、短期贮存、中期贮存与长期贮存(基因库贮存)。

25. 种子加工工艺流程

种子加工采用的方法、步骤和技术路线。

26. 棉种脱绒处理

清除常规剥绒后残留在棉籽上短绒的过程。

二、加工机具

1. 种子脱粒机

从玉米果穗、荚果等果实上脱取种子的机具。

2. 除芒机

从水稻、小麦、牧草等种子上除去芒、刺毛、松散的颖片及分离未脱净的穗头、夹壳等的机具。

3. 刷清机

从高粱种子上除去芒、膜、刺毛、松散的颖片等的机具。

4. 甜菜种子磨光机

对甜菜球果或籽粒进行磨光作业的机具。

5. 种子干燥机

使种子含水率降低到规定要求的机具。

6. 固定床干燥机

对水平或有一定斜度通风板堆放的物料进行干燥作业的设备。

7. 循环干燥机(仓)

种子在机(仓)内重复进行干燥作业的设备。

8. 顺逆流干燥机

干燥介质交替采用顺流干燥和逆流冷却方式进行干燥作业的设备。

9. 批式循环干燥机

每批次按机型规定的装机容量,进行循环干燥,直到水分达到规定要求后排出种子的设备。

10. 连续式干燥机

指种子不间断地通过干燥机,一次降至要求水分不再循环的干燥的设备。

11. 顺流式干燥机

干燥介质流动方向与种子流动方向相同的干燥的设备。

12. 横流式干燥机

干燥介质流动方向与种子流动方向垂直的干燥的设备,也称错流干燥机。

13. 逆流干燥机

干燥介质流动方向与种子流动方向相反的干燥的设备。

14. 混流式干燥机

干燥介质与种子呈顺流、逆流和横流方式进行干燥的设备。

15. 种子清选机

将种子与杂质分离的机具。

16. 复式清选机

两种及两种以上不同分选原理的部件组合的清选机具(风筛式清选机除外),如组合风选、筛选、窝眼筒选的复式清选机。

17. 风选机(气流清选机)

以自然空气为介质进行清选作业的机具。

18. 筛选机

以筛片(板)进行清选作业的机具。

19. 平面筛清选机

以往复振动筛片(板)进行清选作业的机具。

20. 圆筒筛清选机

以旋转的圆筒筛进行清选作业的机具。用于进行分级作业时又称圆筒筛分级机。

21. 风筛式清选机

风选与筛选组合进行清选作业的机具。用于进行初清选时称风筛式初清机。

22. 重力式分选机(比重式清选机)

以双向倾斜、往复振动的工作台和贯穿工作台网面的气流(正压气流或负压气流)相结合进行清选作业的机具。

23. 去石机

清除种子中并肩石的机具。

24. 窝眼筒清选机

以内壁带窝眼的圆筒进行清选作业的机具。用于进行分级时称窝眼筒分级机。

25. 窝眼盘清选机

以带窝眼的圆盘进行清选作业的机具。

26. 色选机(光电清选机)

按种子物料光反射特性的差异通过光电转换装置进行清选作业的机具。

27. 种子包衣机

将种衣剂包敷于种子外表面上的机具。

28. 种子制丸机

将制丸材料粘裹在种子外表面制成具有一定尺寸的丸状颗粒的机具。

29. 滚筒制丸机

以滚筒对种子进行制丸作业的机具。

30. 种子加工成套设备

能够完成种子全部加工要求的加工设备及其配套、附属装置的总称。

31. 种子加工成套设备输送系统

种子加工成套设备中各种输送设备、给料、排料装置及其管道、阀门、风机等的总称。

32. 种子加工成套设备除尘系统

种子加工成套设备中,吸尘、排尘装置及其管道、阀门、风机等的总称。

33. 种子加工成套设备排杂系统

种子加工成套设备中,杂余和废料的接收、输送、排出装置及其管道、阀门等的总称。

34. 种子加工成套设备贮存系统

种子加工成套设备中,贮存仓、贮存箱及其附属装置的总称。

35. 种子加工成套设备电控系统

种子加工成套设备中,电气控制柜、电气线路和线路上各种电器元件、仪表的总称。

三、零部件

1. 热风炉
通过燃烧与换热为干燥介质提供热量的装置。

2. 混合室
受热气体与外界空气相混合,使之达到干燥种子所需要的介质温度的空间。

3. 热交换器
两种不同温度的流体通过固体壁面进行换热的装置。

4. 角状管
干燥机内底边未封闭的三角形或五角形通气管道。

5. 前风道
风筛清选机筛子进料端的风选管道。在种子物料进入筛子之前清除其中的轻杂质。

6. 后风道
风筛清选机筛子尾端的风选管道。在种子物料筛选后清除其中残存的轻杂质和瘪籽粒。

7. 沉降室
气流清选中,利用管道截面扩大、气流速度下降使轻杂质受重力作用而沉降的装置。

8. 筛片(板)筛网
进行筛选作用的零件与安装它们的筛框所构成的整体。

9. 清筛装置
在筛选过程中进行筛面清理以清除筛孔被种子堵塞的装置。

10. 筛体、筛箱
筛片清筛装置及进行筛选运动组成的部件。

11. 圆筒筛
圈成圆筒形绕筒轴心线旋转进行分选作业的筛子。包括整体式与分片组合式。

12. 冲孔筛
将金属薄板冲制形成一定形状与大小的孔眼用于筛选的零件。

13. 编织筛
将金属或其他材料细丝编织形成一定孔眼用于筛选的零件。

14. 波纹形长筛孔
垂直筛孔长度方向的横截面呈波纹状,分选孔口沿波谷排列的冲制长筛孔。

15. 凹窝形圆筛孔(沉孔型圆筛孔)
筛孔横截面呈凹窝状,分选孔口在凹底的冲制圆筛孔。

16. 窝眼盘
两侧有窝眼,按种子及其混杂物的长度差异进行分选的圆盘。

17. 窝眼筒
内壁有窝眼,按种子及其混杂物的长度差异进行分选的滚筒。

18. 窝眼筒承料槽(窝眼筒 V 形槽)
窝眼筒内沿筒体长度方向设置用于承接分离出来的较短种子或杂质的敞口槽。

19. 半球形窝眼

呈半球状或窝底为球台形的近似半球状的窝眼。

20. 圆台形窝眼

孔口大于窝底的近似圆台形的窝眼。

21. 圆柱形窝眼

孔身呈圆柱状的窝眼。

22. 三角形分选工作台

台面为近似三角形(不等腰梯形)的重力式分选机工作台。

23. 长方形分选工作台

台面为近似长方形的重力式分选机工作台。

24. 之字形分离板

之字形板清选机工作台面上与台面垂直并呈连续"之"字形的反射分离板。

四、杂质

1. 杂质

种子中混入的其他物质、其他植物种子及按要求应淘汰的被清选作物种子。

2. 小型杂质

最大尺寸小于被清选作物种子宽度或厚度尺寸的杂质,简称小杂。

3. 大型杂质

最大尺寸大于被清选作物种子宽度尺寸的杂质,简称大杂。

4. 轻杂

密度小于被清选作物种子的杂质。

5. 重杂

密度大于被清选作物种子的杂质。

6. 并肩石

形状、尺寸与被清选作物种子相似、相近的重杂。

7. 长杂

形状与被清选作物种子相似,最大尺寸大于被清选作物种子长度尺寸的杂质。

8. 短杂

形状与被清选作物种子相似,最大尺寸小于被清选作物种子长度尺寸的杂质。

9. 异形杂质

最大尺寸与球形(或截面呈圆形)种子直径尺寸相近且形状有较大差异的杂质(如大豆中的豆瓣);或与种子的宽度尺寸相近而形状有较大差异的球形(或截面呈圆形)杂质(如玉米中的球形杂质)。

10. 异色杂质

颜色与被清选作物种子明显不同的杂质及变色且超过规定面积的被清选作物种子。

五、技术参数

1. 湿基含水率

种子中的水分质量与其总质量之比,以百分数(%)表示。按下列公式计算:

$$M = \frac{W}{m} \times 100$$

式中:M—种子的湿基含水率(%);

W—种子的水分质量,单位为克(g);

m—种子的总质量,单位为克(g)。

2. 干基含水率

种子中的水分质量与其干物质质量之比,以百分数(%)表示。按下列公式计算:

$$M_g = \frac{W}{m_g} \times 100$$

式中:M_g—种子的干基含水率(%);

m_g—种子中的干物质质量,单位为克(g)。

3. 干燥强度

在干燥机中单位容积(或面积)的单位失水量。按下列公式计算:

$$A = \frac{W_h}{V_g}$$

式中:A—干燥强度,单位为千克每立方米小时[kg/(m³·h)]或为千克每平方米小时[kg/(m²·h)];

$V_g(S_g)$—干燥室容积(面积),单位为立方米(m³)或平方米(m²);

W_h—小时水分蒸发量,单位为千克每小时(kg·h)。

4. 降水幅度

种子干燥前后湿基含水率的差值,以百分数(%)表示。

5. 干燥周期

种子从进入干燥机开始至达到规定含水率出料,在干燥机里滞留的时间。

6. 干燥速率

单位时间内种子水分的变化。按下列公式计算:

$$u = \frac{M_1 - M_2}{t}$$

式中:u—干燥速率(%/h);

M_1—干燥前种子水分(%);

M_2—干燥后种子水分(%);

t—干燥作业时间,单位为小时(h)。

7. 干燥不均匀度

干燥后种子湿基含水率的最大差值。

8. 单位耗热量

干燥过程中从物料中蒸发每千克水所消耗的热量,单位为千焦每千克(kJ/kg)。

9. 悬浮速度（临界速度）

种子在垂直上升气流中所受的气流作用力等于物料自身重力时的气流速度。

10. 筛体振幅

筛体从平衡原点到振动折回点极限位置之间的距离。

11. 筛体振动方向角

筛体的振动方向与水平面之间的夹角。

12. 筛面倾角

筛面与水平面之间的夹角。

13. 工作台面纵向倾角

工作台面双向倾斜的清选机（重力式分选机等），沿振动方向的铅垂面内工作台面与水平面之间的夹角（一般在排料的端边度量）。

14. 工作台面横向倾角

工作台面双向倾斜的清选机（重力式分选机等），垂直于振动方向的铅垂面内工作台面与水平面之间的夹角（一般在喂料处的端边度量）。

15. 滚筒倾角

窝眼筒或卧式圆筒筛等的滚筒轴线与水平面之间的夹角。

16. 滚筒临界速度

在窝眼筒或圆筒筛等旋转部件内壁处，种子向心加速度与重力加速度绝对值相等时的滚筒转速。

17. 标准作物种子

在种子加工中为标定机器生产率而统一指定的作物种子，一般特指小麦种子。

18. 标准生产率

以加工一定状态的小麦种子为标准标定的机器生产率（按喂入量计算）。

19. 生产率折算系数

种子加工机具加工不同作物种子时，以加工小麦种子为标准折算各自的生产率时的系数。

20. 种子物料

未加工和处在不同加工阶段的好种子与混杂的废种子和各种杂质的总称。对单机作业时投入加工的种子物料和成套设备加工时最初投入加工的种子物料，又称为原始种子物料。

21. 种子净度

符合种子质量要求的本作物种子的质量占种子物料质量比的质量分数。

22. 获选率

实际选出的好种子占原始种子物料中好种子含量的质量分数。

23. 除杂率

种子物料中已清除的杂质占原有杂质含量的质量分数。

24. 有害杂草籽清除率

种子物料中已清除的有害杂草籽占种子物料中原有该类杂草籽含量的质量分数。

25. 除芒率

种子物料中已清除芒刺的种子数量占种子物料中原有芒刺种子含量的质量分数。

26. **破损率**

加工过程中好种子的破碎损伤量占好种子总质量的质量分数。

27. **种子脱净率**

从玉米果穗、荚果或其他果实上脱取的种子量占原有种子总质量的质量分数。

28. **干燥不均匀度**

干燥后的同一批种子中,最大含水率与最小含水率的差值。

29. **筛分完全度**

实际穿过筛孔的筛下种子质量占应筛下种子质量的质量分数。

30. **种子表面特性**

种子表面粗糙程度和外复绒毛钩刺等的状态特性。

31. **偏析**

在一定的机械振动或气流作用下,种子物料群按某些物理特性的差异有规律地分层排列的现象。

参考文献

[1]曹崇文.农产品干燥机理、工艺与技术.北京:中国农业大学出版社,1998.

[2]王成芝.谷物干燥机原理与谷物干燥机设计.哈尔滨:哈尔滨出版社,1997.

[3]周清澈译.谷物干燥.北京:中国农业机械出版社,1981.

[4]中国农业机械化科学研究院.谷物干燥机.北京:中国农业机械出版社,1988.

[5]中国农业机械化科学研究院.农业机械设计手册.北京:中国农业科学技术出版社,2007.

[6]潘永康.现代干燥技术.北京:化学工业出版社,1998.

[7]王若兰.粮食储运安全与技术管理.北京:化学工业出版社,2005.

[8]刘兆丰,等.粮食仓储设备.北京:机械工业出版社,2002.

[9]王长春,等.种子加工原理与技术.北京:科学出版社,1997.

[10]颜启传.种子学.北京:中国农业出版社,2001.

[11]胡晋.种子加工贮藏.北京:中国农业大学出版社,2000.

[12]马志强,马继光.种子加工原理与技术.北京:中国农业出版社,2009.

[13]瓦尔特·P·法伊施特里茨尔.谷物种子技术.罗马:联合国粮食与农业组织出版,1975.

[14]于国萍,吴非.谷物化学.北京:科学出版社,2010.

[15]宋应星.天工开物译注.潘吉星译.上海:上海古籍出版社,2013.

[16]Vaughan,C. Seed processing and Handling, Handbook No. 1. State College,Miss. Seed Technology laboratory. Mississippi State University,1968.

[17]Jim Thomas, An introduction to gravity separators. Powder and Bulk Engineering. 1990(12).

[18]Grain Drying and Storage of Damp. Grain Field. Crop Production Guild for Manitoba. Canada, 1988-1990.

[19]Larry O Copeland,Miller B. Mcdonald,Seed Science and Technology(Third edition). Chapman & Hall Press,1995.

[20]Miller B Mcdonald, Lawrence O. Copeland, Seed Production Principles and Practices. International Thomson Publishing,1997.

[21]张咸胜,曹崇文,等.GB/T 14095—2007 农产品干燥技术 术语.中国农业机械化科学研究院.北京:中国标准出版社,2007.

[22]赵承圃,崔士勇,等.GB/T 6970—2007 粮食干燥机试验方法[S].黑龙江农副产品加工

机械化研究所．北京：中国标准出版社，2007.

[23]马忠财，应卫东，等．GB/T 21015—2007 稻谷干燥技术规范．黑龙江农副产品加工机械化研究所．北京：中国标准出版社，2007.

[24]许才花、侯艳芳，等．DB23/T 1088—2007 水稻种子干燥技术规范．黑龙江农副产品加工机械化研究所．北京：中国标准出版社，2007.

[25]袁长胜，吴多峰，等．DB23/T 1036—2006 玉米果穗干燥技术规范．黑龙江农副产品加工机械化研究所．北京：中国标准出版社，2006.

[26]丁翔文，姚海，潘九君，等．NY 1644—2008 干燥机运行安全技术条件．农业部农机监理总站、农业部干燥机械设备质量监督检验测试中心．北京：中国农业出版社，2008.

[27]张廷英，汪裕安，等．GB/T 12994—2008 种子加工机械术语．中国农业机械化科学研究院．北京：中国标准出版社，2008.

[28]王亦南，孙鹏，等．GB/T 21158—2007 种子加工成套设备．黑龙江农副产品加工机械化研究所．北京：中国标准出版社，2007.

[29]孙鹏，王丽娟，等．GB/T 5983—2013 种子清选机试验方法．黑龙江农副产品加工机械化研究所．北京：中国标准出版社，2013.

[30]谷铁城，宁明宇，等．GB/T 15671—2009 农作物薄膜包衣种子技术条件．全国农业技术推广服务中心．北京：中国标准出版社，2009.

[31]毕吉福，陈武东，孙鹏，等．DB23/T 823—2014 种子包衣操作技术规程．黑龙江农副产品加工机械化研究所．北京：中国标准出版社，2014.

[32]袁长胜，吴多蜂，赵冰，等．DB23/T 1036—2006 玉米果穗干燥技术规范．黑龙江农副产品加工机械化研究所．北京：中国标准出版社，2006.

[33]吴浩方．NYT 1057—2006 棉种过量式稀硫酸脱绒技术规范．江苏省农垦事业管理办公室种子管理站．北京：中国标准出版社，2006.